わかる！
使える！

機械加工入門

澤　武一［著］
Sawa Takekazu

JN079561

日刊工業新聞社

【はじめに】

機械加工は単純に操作を覚えるだけでは所望の寸法精度や表面粗さを得ることはできません。切れ刃が工作物を削り取る原理をしっかり理解し、削り取るときに何が起こっているのか、どのようなことが起こり得るのかをイメージすることが大切です。刃先で発生している現象を頭の中で想像できることが一流への扉といえます。

もう少し具体的な内容に踏み込むと、機械加工は工作機械を使って切削工具と工作物を相対運動させ、切削工具の刃先形状を工作物に転写する運動転写原理に基づきます。したがって、寸法精度や表面粗さは切削工具と工作物の相対運動の運動精度に依存することになり、転写誤差は運動精度が支配的な要因になります。つまり、工作機械の運動精度が高く、切削工具の摩耗が小さいほど理想的な寸法精度、表面粗さを得ることができます。

いかがでしょうか、はじめての方には少し難しい内容だったかもしれませんが、機械加工の入り口が見えてきたと思います。「知識」を付けると「意識」が上がり、「景色」が変わります。知識を付けることにより、知識がない時には見えていなかったものが見えるようになります。見えていないというのはピントが合っていない写真の背景のようなもので、目には入っているが気に留めなかったものという意味です。たとえば、切削工具の材質を知らなかったときには切削工具の形状には気を留めますが、材質には気を留めないでしょう。しかし、切削工具にいろいろな材質があることを知ると、これはどのような材質なのだろうかと意識するようになり、気に留めるようになります。つまり、見えるものが変わります（景色が変わります）。

このように、まずは知識を付けることが大切ですが、仕事（実務）では「知っていて、できる」ことが大切です。「知っている」と「できる」は違います。知っていてもできなければ実務に反映されません。知識は使える知識でないと意味がないのです。既刊の多くの書籍は理論や理屈に偏っており、このような書籍では知識を得ることができますが、それは「固まった知識（実務で使えない知識）」で、「柔軟な知識（実務で使える知識）」ではありません。機械加工は歴史の深いある程度成熟した技術ですから、問題が発生した場合、潜在的に知っている知識で解決できることが多いのですが、問題の発生理由と対策方法が知識とリンクしないという事例も多くあります。すでに機械加工に従事されている方には問題に対する解決方法が見つかった時、解決方法を知った後に「なんだ、そういうことか……」と頭の中で思ったことがある人も多いのではないでしょうか。

このような観点から、本書はこれまで発刊されている書籍と異なり、機械加工・工作機械を原理から理解し、理想的な機械加工とは何かを考え、正確・迅速な段取り、正しい測定に必要な知識、入門として知っておきたい加工精度への影響因子と注意ポイント、新しい工作機械について解説しています。本書は単純に知識をつけるための書籍ではなく、実務書として現場に即した内容をまとめており、柔軟な知識（使える知識）を習得できる内容、職業人としての目線を養えるような中身になっています。本書が読者の方々の実務の一助になれば著者として嬉しく思います。

最後になりましたが、本書を執筆する機会を与えていただきました日刊工業新聞社の奥村功さま、岡野晋弥さま、執筆、編集、校正に際し、ご懇篤なご指導、ご鞭撻をたまわりましたエム編集事務所の飯嶋光雄さまにお礼申し上げます。

2020年10月　　　　澤 武一

わかる！使える！機械加工入門

目　次

【第1章】機械加工の原理・原則と工作機械の種類

1　機械加工の原理・原則

2　工作機械の種類

【第2章】

段取り（切削工具、といし、治具、測定具、加工準備と工程、金属材料の種類）

1　切削工具と研削工具

2　ツーリングと治具

3　測定具

4　金属材料の種類

【第3章】

加工条件と加工現象

1 切削条件と研削条件

2 加工形態と加工現象

【第4章】

最新工作機械と機械加工を助ける技術

1 最新工作機械

2 機械加工を助ける技術

コラム

【第1章】

機械加工の原理・原則と工作機械の種類

1. 機械加工とは?（形をつくる方法の種類）

❶加工の意味と種類

「加工」とはどのような意味でしょうか。材料に外部からエネルギを加えて目的とする形状や表面状態にすること、材料に機能性を持たせることを「加工」といいます（**図1-1-1**）。つまり、加工とは「材料に手を加えて新しいものや形をつくること、産み出すこと」という意味です。料理は食材に手を加えていろいろなメニューをつくるので、料理も加工の一種といえます。

それでは「加工」の種類にはどのようなものがあるのでしょうか。加工の種類は「加工前と加工後における質量の変化」によって分類されます。すなわち、加工の種類は加工前と加工後で、「質量が増えている場合」、「変化しない場合」、「減っている場合」の3つに分けられます。質量が増える加工を「付加加工」、質量が変化しない加工を「変形加工」、質量が減る加工を「除去加工」と呼びます。**図1-1-2**に、材料の質量増減による加工の種類を示します。

❷加工に使用するエネルギの種類

「材料から新しいもの」をつくるためには、材料に対してエネルギを加えないといけません。エネルギを与えなければ材料は材料のままです。食材に熱を加えることによって温かい、おいしい料理になります。加工の種類は材料に加えるエネルギの種類によっても分類されます。加工に使用されるエネルギには「機械エネルギ、熱エネルギ、電気・化学エネルギ」の3種類があります。

ここで、前述したように、加工前後における質量の増減による分類である「付加加工、変形加工、除去加工」と、「加工に使用するエネルギの種類」を組み合わせると**表1-1-1**のようになります。表を確認すると、身近に聞いたことがある溶接加工やレーザ加工、めっき加工がどのような分類になるかがわかります。そして、本書で解説する機械加工は「機械エネルギを使った除去加工」であることがわかります。

❸機械加工の種類

機械加工は機械エネルギを使った除去加工であることがわかりましたが、機械加工にはどのような種類があるのでしょうか。機械加工は「切削加工、研削加工、研磨加工」の3つに分類されます。この3つの加工を私たちの身の回り

図 1-1-1 加工とは？

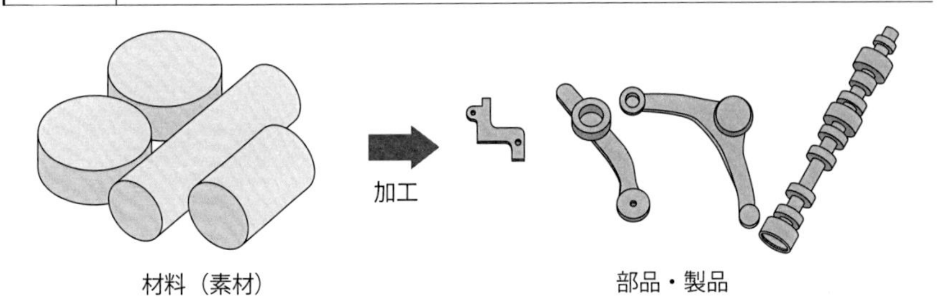

図 1-1-2 材料の質量増減と加工の種類

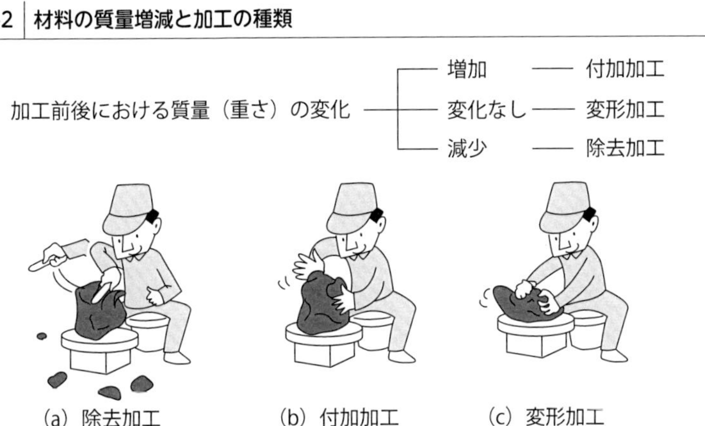

表 1-1-1 エネルギと加工の種類

	付加加工	変形加工	除去加工
機械エネルギ	接着・接合	塑性加工	**機械加工**
熱エネルギ	溶接・溶射	鋳造・焼結	放電加工
電気・化学エネルギ	めっき・コーティング	電磁成形	電解加工

の作業に例えると、切削加工はナイフを使ってリンゴの皮をむいたり、鉛筆を削ったりする作業、研削加工は紙やすり（サンドペーパ）で材料の表面を磨く作業、研磨加工はスポンジに研磨材入りの洗剤を付けてガラスなどを磨く作業になります。なお、各加工法の詳細な説明は30〜33頁で解説しているので参照してください。

要点 ノート

表1-1-1において、放電加工と電解加工は「特殊加工」と呼ばれることがあります。つまり、除去加工は「機械加工と特殊加工」の2つに大別されます。

2. 知っておきたい業界用語

❶切削工具と工作物

機械加工は機械エネルギを使って材料の不要な部分を削り取り、目的の形状をつくる加工法です。**図1-2-1**のような、機械加工で使用される刃物のことを「切削工具」といいます。切削工具は、目的別にさまざまな種類があります。たとえば、穴あけに使用する「ドリル」、旋盤加工で使用する「バイト」、フライス加工で使用する「正面フライス」や「エンドミル」は代表的な切削工具の一種です。**図1-2-2**のような、加工する材料のことを「工作物」または「加工物」といい、機械加工では「工作物」、特殊加工（放電加工や電解加工）では「加工物」ということが多いです。ときには、「ワーク」と英語でいわれることもあります。ワークはWorkpiece（ワークピース）の略です。また、加工される材料の材質や削りやすさ（削りにくさ）などを問題とする場合（材料を中心に加工を考える場合）には「被削材」といわれることがあります。このように、同じ材料でも加工の種類や材料を中心に加工を考える場合によって呼称（呼び方）が変わります。

❷切りくずとバリ

図1-2-3のような、工作物を削るときに発生する削りカスを「切りくず」といいます。生産現場では慣用的に「キリコ」といわれますが、日本産業規格（JIS）の表記は「切りくず」です。切りくずは削りカス、くずですが、工作物を上手に削り取れているか否か（加工の良し悪し）や切削工具の切れ味、切削

図 1-2-1 いろいろな切削工具

図 1-2-2 工作物（材料）

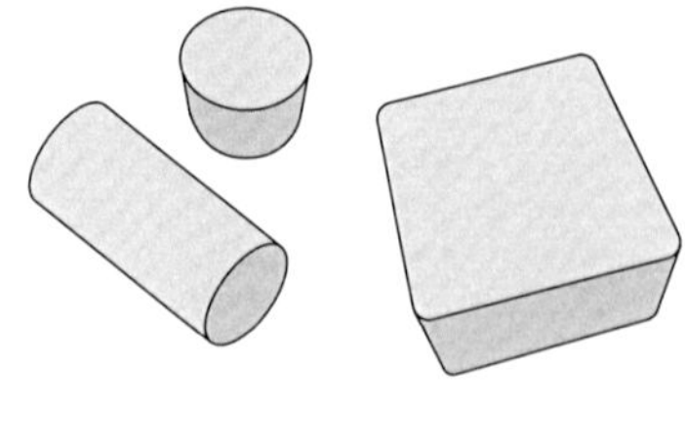

図 1-2-3 色々な形状の切りくず

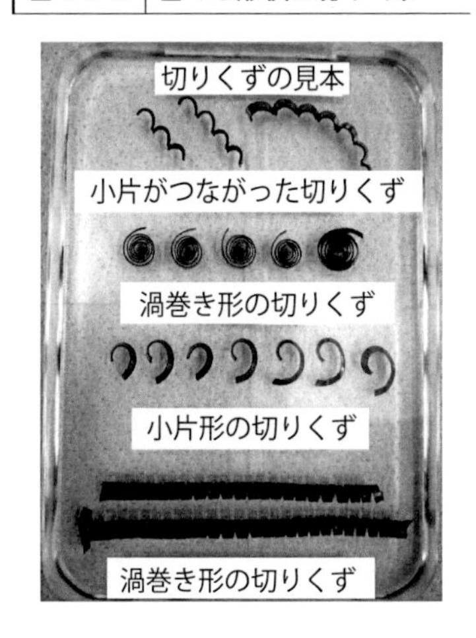

図 1-2-4 バリ

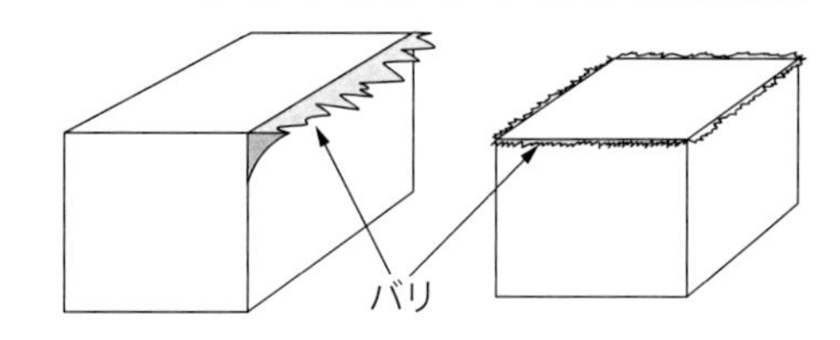

図 1-2-5 図面

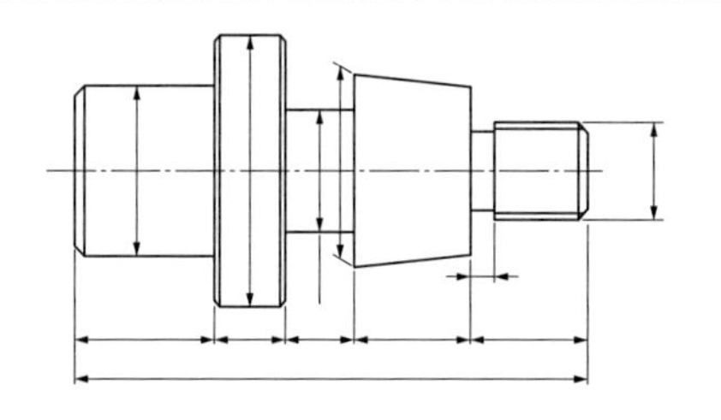

点の温度を評価できる重要な情報源の1つです。また、切りくずは一定の条件で集めるとリサイクル資源になるため、価値を生む財産にもなります。

切削工具が工作物に食い込むとき（入り際）や工作物から抜け出るとき（抜け際）、工作物の角に小さな削り残し（残留物、出っ張り）が発生します。**図1-2-4**のような削り残しを「バリ」といいます。機械加工（金属加工）ではバリは必ず発生し、工作物が粘り強いほど発生しやすくなります。バリは加工時の力と熱の影響で本来の工作物の硬さよりも硬くなっており（加工硬化といいます）、他の製品にキズをつけたり、ケガをしたりする原因になります。このため、バリは機械加工後の後工程できれいに除去しなければいけません。現状、バリを発生させずに工作物を削り取ることができないため、バリは機械加工（金属加工）の最大の敵といえます。

❸図面

図1-2-5のような、加工する形状や寸法、機能、構造を表す設計図のことを「図面」といいます。地図のない旅行は道に迷うように、図面のない機械加工も上手く形状をつくることはできません。機械加工を行う際は必ず図面を描き（用意し）、図面を見て加工工程（順序）を決めます。

要点 ノート

どのような業界にも専門用語、現場用語があります。業界用語は覚えるよりも慣れる部分が多いです。暗記しようとせず、仕事をしながら覚えていくとよいでしょう。

3. 切削とは?（「切る」と「削る」の相違点）

❶切りくずの変形

図1-3-1に、切削工具で工作物の表面を削り取る様子を示します。図から、切りくず部分の金属組織が一定の層を重ねるように変形していることがよくわかります。このような層を重ねるような変形を「せん断変形」といいます。せん断とは組織をずらす変形です。図の工作物には、あらかじめ規則正しい格子状の模様を付けています。図から、切削工具を工作物に食い込ませると、切削工具に沿うように切りくずが流れ出ることがわかります。そして、切りくずに注目すると、切りくずの格子状の模様は歪んでいることがわかります。図から、切りくずは本来の金属組織ではなく、変形した組織であることが理解できます。切りくずの組織が変形していることは金属加工の大きな特徴です。

❷「切る」と「削る」の違い。切削は造語

金属や木材を加工する業界では、切削工具を使って材料の表面を切り取る作業を「削る」と表現します。生産現場では「ちょっとこの材料を削ってくれ」というセリフをよく聞きます。一方、刃物を使って材料の表面を切り取る身近な作業には、リンゴの皮むきやダイコンの桂むきがありますが、リンゴやダイコンは「削る」とはいいません。一般には「皮をむく、はぐ」といいます。「むく、はぐ」という言葉は表面を切り取る作業なので「切る」に相当します。同じような作業にもかかわらず、どうして言い方が違うのでしょうか。

図1-3-2（a）は金属を削った様子ですが、もしこの材料がリンゴやダイコンだったとすると、切りくずの組織は歪まず、規則正しい格子状の模様のまま流れ出ます。リンゴやダイコンの切りくずは組織が変形しません。変形しないので、切りくずを削り取ったリンゴやダイコンに巻き付ければ、元の形に戻ります。しかし、金属の場合は切りくずの組織が変形するため、切りくずを金属に巻き付けても元の形には戻りません（図1-3-3）。一般に、金属の場合、切込み深さを1とすると、切りくずの厚みは3程度になります。そして、厚みが3倍になり、長さは1/3になります（図1-3-2（b））。一方、リンゴやダイコンは切りくずが変形しないので、切りくずの厚さは切込み深さと同じ1になります。

まとめると、切りくずが変形しない（切りくずの組織が変形しない）場合を

図 1-3-1 切削工具で工作物の表面を削り取る様子（実写）

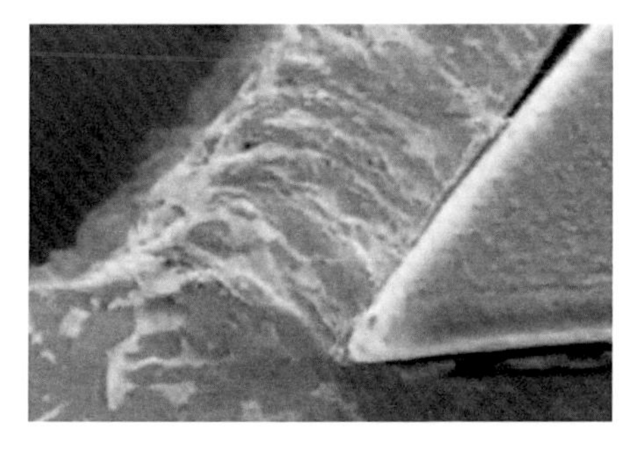

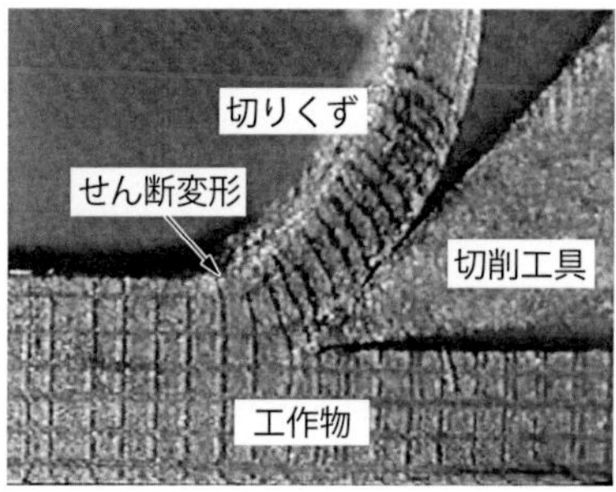

図 1-3-2 切削工具で工作物の表面を削り取る様子（模式図）

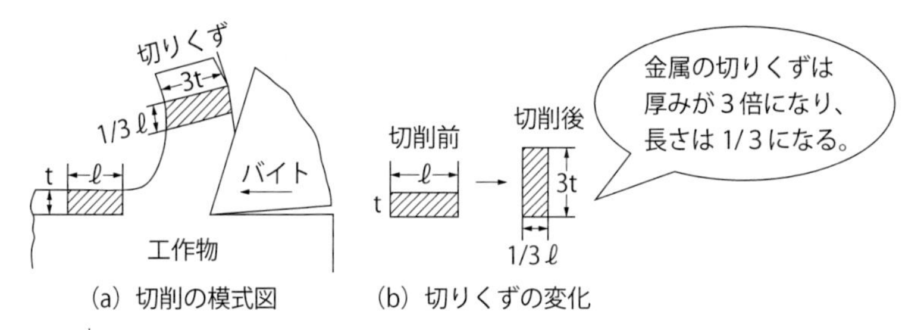

(a) 切削の模式図 (b) 切りくずの変化

図 1-3-3 切ると削るの違い

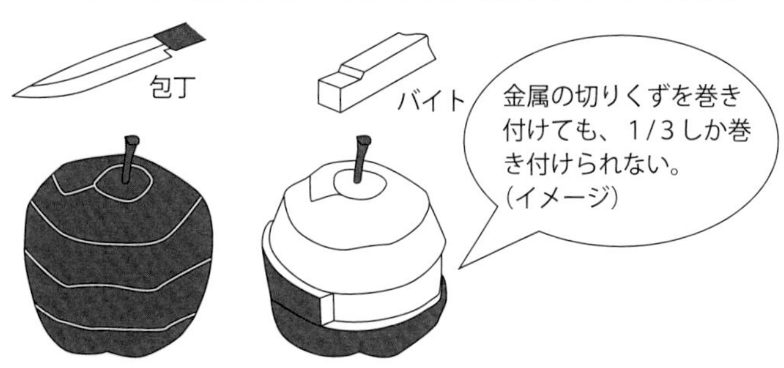

（切る：切りくずが変形しない） （削る：切りくずが変形する）

「切る」といい、切りくずが変形する（切りくずの組織が変形する）場合を「削る」といいます。切削という言葉は「切る」と「削る」を足し合わせた造語です。

要点 ノート

切削は「切る」と「削る」の造語です。「切る」と「削る」の違いを理解し、いかに「切る」領域に近づけられるかが機械加工（金属加工）のポイントです。

4. 切削力と切削抵抗

❶作用・反作用の原理（切削力と切削抵抗の関係）

図1-4-1に、切削工具で工作物を削り取る様子を示します。切削工具で工作物を削り取る際には、切削工具を工作物へ食い込ませるための力が必要です。力が小さければ切削工具が工作物に食い込まず、削ることができません。

切削工具から工作物に向かう力を「切削力」といいます。そして、高校の物理で習った方も多いと思いますが、力を他の物体に加えたものには、同じ大きさの反対向きの力が作用します。この原理を「作用・反作用の法則」といいます。つまり、切削工具が工作物を削る際には、工作物から切削工具に向かって、切削力と同じ大きさの反対向きの力が作用します。この力を「切削抵抗」といいます（図1-4-2）。切削力と切削抵抗は相反する関係にあります。

❷アンダーカットとオーバーカット

機械加工は切削工具を工作物に食い込ませ、不要な部分を削り取り、目的の形状（図面に描かれた形状）をつくります。たとえば、工作物を1 mmだけ薄くしたいときには、切削工具を1 mmだけ食い込ませて削ればよいのですが、削った後の板を測定すると、多くの場合、しっかり1 mm削れず、1 mmよりも小さくしか削れません。つまり、削りたい分だけ削れておらず、削り残しが生じることになります。この主因が「切削抵抗」です。切削工具を工作物に食い込ませ、削り取る際には工作物から切削工具に向かって切削抵抗が作用するため、切削工具が工作物から逃げることにより（たわんだり、曲がったり、浮き上がったりすることにより）、削りたい分（設定した切込み深さ）よりも実際の削り分（実際の切込み深さ）が小さくなってしまいます。このことを「アンダーカット」といいます（図1-4-3）。アンダーカットが生じると、目的の寸法になるまで削る作業を繰り返さないといけないため、加工時間が長くなり、加工コストが高くなってしまいます。一方、加工条件によっては切削工具が工作物に食い込み過ぎる（削りたい分よりも、実際の削り分が大きくなってしまう）こともあります。このことを「オーバーカット」といいます（図1-4-4）。

図 1-4-1　切削工具で工作物を削り取る様子

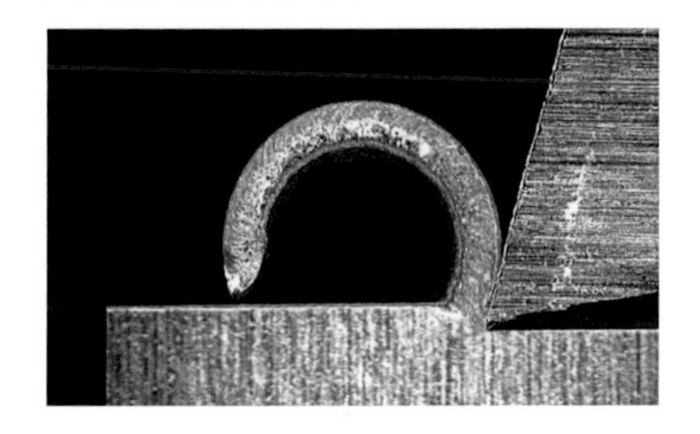

図 1-4-2　切削力と切削抵抗の関係

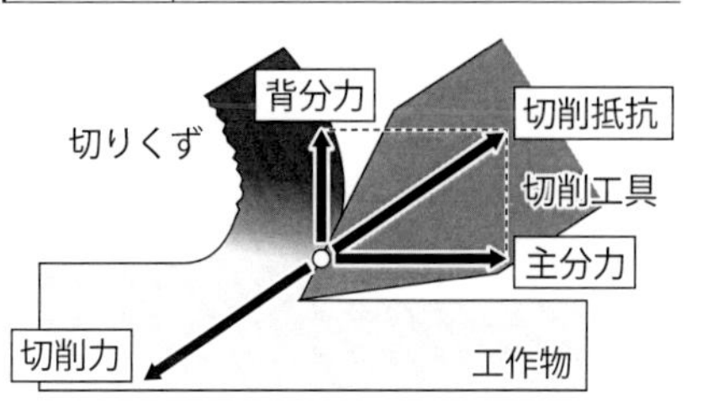

図 1-4-3　アンダーカットになる理由

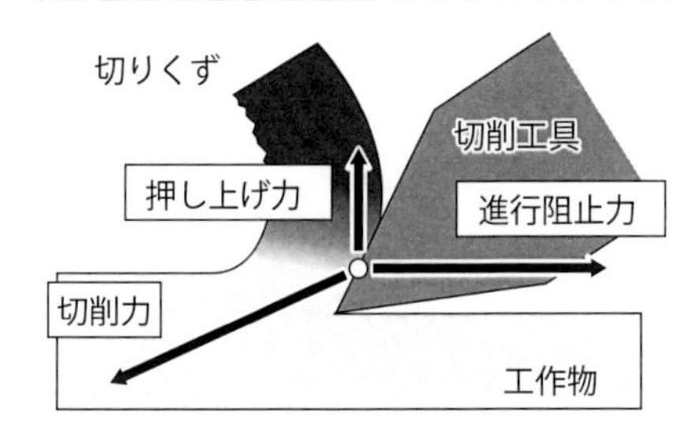

図 1-4-4　オーバーカットになる理由

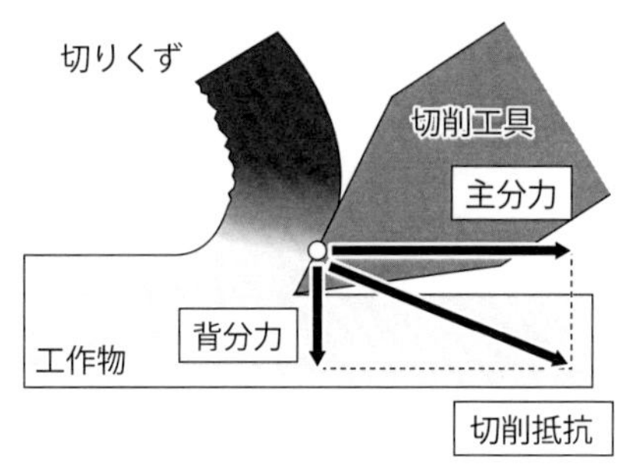

❸びびり

前述したように、切削抵抗が作用すると切削工具は工作物から逃げますが、逃げた切削工具が元の位置に戻る際、振り子に似た原理により、元の位置よりも工作物側に食い込んでしまいます。このように、逃げと食い込みが繰り返される現象を「びびり」といいます。びびりが生じ、オーバーカットになると目標の寸法よりも削り過ぎることになるため、不良品（不適合品）になってしまいます。除去加工では削り過ぎた分だけ元に戻すということはできません。

アンダーカットやオーバーカット（加工誤差）が生じる原因の1つが「切削抵抗」です。機械加工は切削抵抗の大きさと向きをコントロールし、アンダーカットやオーバーカットを小さくし、いかに設定切込み深さ通りに削るかがポイントになります。

要点 ノート

狙った寸法に加工するためには、切削力と切削抵抗を小さくするだけでなく、大きさと向き（ベクトル）をコントロールすることが大切です。機械加工の基本は力のつり合いを考えることです。

5. 切削熱

❶発生原因

図1-5-1に、切削工具で工作物の表面を削り取るときのシミュレーション結果を示します。切削工具で金属を削るには大きな力が必要です。切削力によって工作物は削り取られ、削り取られた部分は切りくずとして排出されますが、切りくずを生成・排出する際、切削力（力学的エネルギ）は切削熱（熱エネルギ）に変化されます。一般に、切削点の温度は600～1000℃に達します。

❷切削点近傍の現象

図1-5-2に、切削点近傍の模式図を示します。切削点近傍の現象は主として、①切りくずの分離、②切りくずの生成（組織のせん断変形）、③切りくずと切削工具（すくい面）の摩擦、④切削工具（逃げ面）と仕上げ面の摩擦の4つに分類できます。この4つの現象によって切削力は切削熱に変化しますが、切削熱が高くなるもっとも大きな現象は「②切りくずの生成（組織のせん断変形）」です。工作物および切りくずは3つの領域で塑性変形が生じますが、第一塑性領域が範囲も変形量ももっとも大きくなります。言い換えれば、切りくずの生成（組織のせん断変形）を抑制できれば切削熱は低くなります。切削点で発生した切削熱は工作物、切りくず、切削工具の3つに伝播（流入）します。

❸切削熱がもたらす不都合

切削熱は工作物、切削工具、切りくずにそれぞれ伝播しますが、工作物と切削工具は熱による不都合を受けます。工作物は熱膨張するため、設定切込み深さよりも実際の切込み深さが大きくなり、削り過ぎが生じます。また、工作物の表面が本来の硬さよりも軟らかくなったり、硬くなったり（加工硬化）します。切削工具は温度が高くなると軟化するため工具寿命が短くなります。

逆に、切削熱は切りくずに伝播する割合を多くする方が好都合です。ただし、高温の切りくずが工作物やテーブルに堆積すると、工作物や工作機械本体が熱変形するため加工精度に影響します。切りくずは、すみやかに機外へ排出することが加工精度向上のポイントです。

❹切削熱がもたらす好都合

切削熱が高くなることで工作物が軟化し、削りやすくなります（切削抵抗が

図 1-5-1 切削工具で工作物の表面を削り取るときのシミュレーション結果

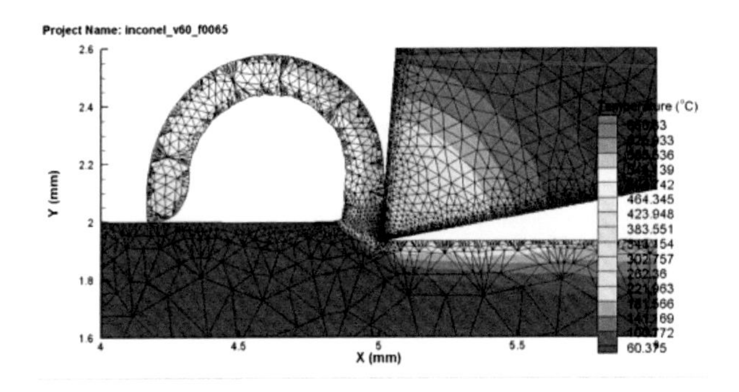

図 1-5-2 切削点近傍の模式図

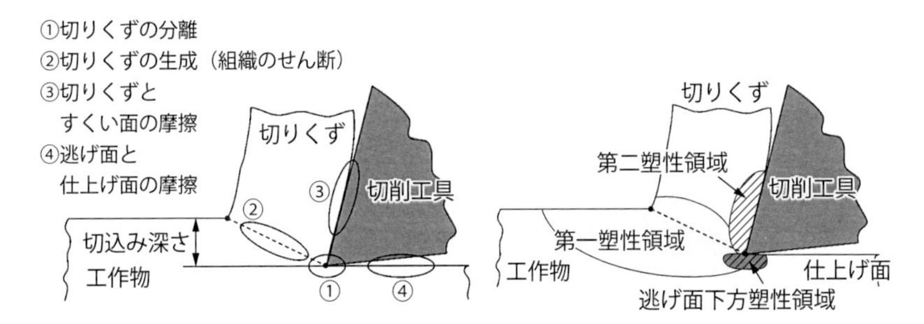

小さくなります）。ただし、切削工具は高温でも軟化しないセラミックス工具を使用することが必須です。また、高温になると、溶着（溶融した工作物の一部が刃先に付着する現象）が発生しないため、理論に近い表面粗さを得ることができます。

❺切削熱を低くする手段

切削熱を低くするためにはせん断変形（塑性変形）の度合いを小さくし、発生熱量を抑えること、切削熱を冷やすことがポイントです。そのため機械加工では通常、切削点に向かって切削油剤を供給します。切削油剤の潤滑性によりせん断変形を抑制し、発生熱量を抑え、切削油剤の冷却効果により切削熱を冷やします。切削工具が回転する正面フライス加工やエンドミル加工では、工作物を削っている時間と削っていない時間の割合を適正に調整することも、切削熱を高くしない方策として効果的です。

要点 ノート

切削熱は工作物のせん断変形（塑性変形）が主因です。せん断変形の度合いを小さくすることが、切削熱を抑制する最大の対策です。

6. 切断とせん断

❶切断加工とせん断加工の違い

図1-6-1に、「切断加工」と「せん断加工」を模式的に示します。私たちは1枚の紙を2枚にしたい場合、一般にカッターかハサミを使います。両方とも1つのものを2つに分離する目的で使用することは同じですが、分離する仕組みに違いがあります。

カッターは紙の組織を2つに裂く作業（組織を離す作業）です。一方、ハサミは上下の刃の位置がずれているため、紙の組織を上下にずらす作業（組織をずらして分離する作業）になります。このように材料の側面から平面的に2つのものに分ける加工を「切断加工」といい、刃物を材料に対し垂直な方向から押し込み、材料の組織に食い違いを生じさせる加工を「せん断加工」といいます。

❷せん断変形とせん断角

前頁の図1-5-2で示したように、切削工具で工作物を削り取る際、第一塑性領域では切りくずが生成されますが、ここで生じる変形が「せん断（組織がずれる変形）」です。工作物の仕上げ面とせん断面とのなす角（せん断が生じる角度）を「せん断角」といい、せん断角の大小によって切りくずの厚さ（せん断変形の大きさ）が変わります（図1-6-2）。せん断角が大きくなれば、切りくずが薄くなり、反対にせん断角が小さくなれば、切りくずは厚くなります。せん断角は金属加工にとって大変重要な角度です。

❸引き切りと押し切り（エンドミルのねじれ）

料理で使用する包丁はカッターと同じ切断作業を行う刃物ですが、包丁を材料の真上から押し付けても材料を上手く切ることができません。一方、包丁を材料の真上から引きながら（または押しながら）押し付けると、材料を上手に切ることができます。料理では、「引き切り、押し切り」といわれています（図1-6-3）。包丁をわずかに引きながら（または押しながら）押し付けると、小さな力で切断することができ、材料の組織を傷めず、鮮度も高く維持できます。これは包丁の刃が断面に対し垂直（真下）に進むよりも、引いた場合（または押した場合）のほうが見かけ上、刃の角度が鋭くなるからです。つまり、

図 1-6-1 切断加工とせん断加工（イメージ）

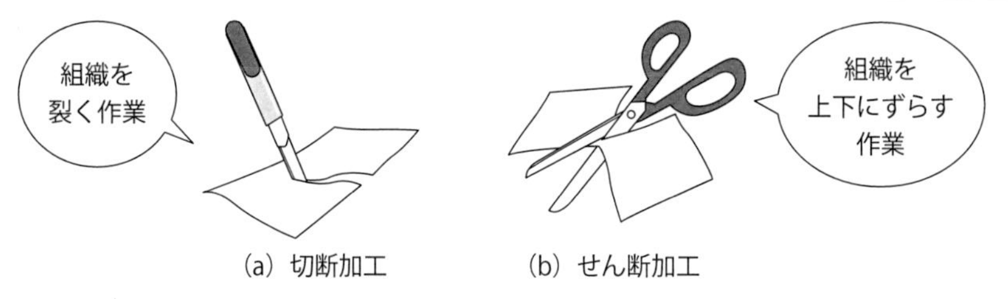

(a) 切断加工　(b) せん断加工

図 1-6-2 せん断角と切りくずの厚さの関係

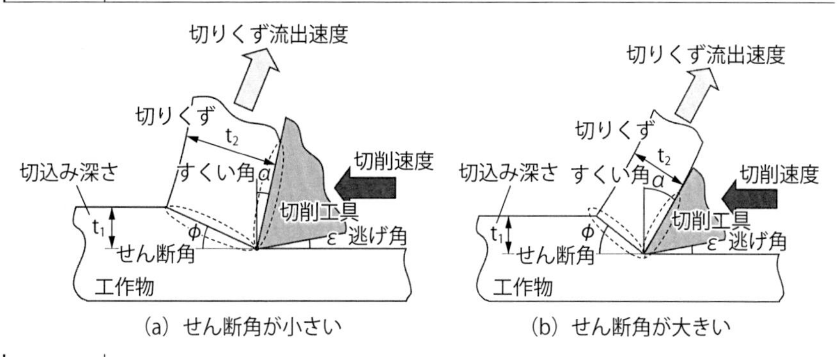

(a) せん断角が小さい　(b) せん断角が大きい

図 1-6-3 押し切りと引き切り

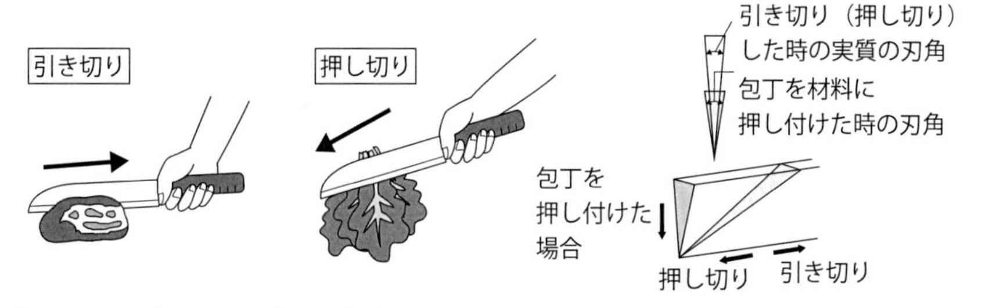

「引き切り（押し切り）」を行うことによって、実際の包丁の刃の角度よりも鋭い角度の包丁で切っていることと同じになり、材料に対する抵抗が少なくなることによって切断されやすくなります。金属加工でも「引き切り（押し切り）」の考え方は重要で、エンドミルのねじれは「引き切り（押し切り）」の原理そのものです。金属加工は人間の知恵を集結したもので、身近な原理から金属加工、切削工具の原理を学ぶことができます。

要点 ノート

せん断角を大きくするとせん断変形が小さくなり（切りくずが薄くなり）、切削熱を抑制できます。せん断角を小さくするにはどうすればよいのでしょうか。

7. 理想粗さと実際の粗さ（母性原理）

❶母性原理

機械加工の原理は工作機械の相対運動を利用して切削工具の先端形状（切れ刃の形状）を工作物に転写するというものです。つまり、加工中に切削工具の先端形状が摩耗すれば、理想的な仕上げ面を得ることはできません。機械加工は「母性原理」に従うといわれるのは、工作機械の運動精度や切削工具の形状精度が加工精度に直接影響するということです。

❷理論粗さ

旋盤加工した工作物の表面はバイトの刃先の丸み（コーナ半径）を転写した凹凸形状になります（図1-7-1）。この凹凸の高さは表面粗さの最大高さ粗さ（*Rz*）に相当し、コーナ半径とバイトの送り量によって計算することができます。しかし、これは理論的な表面粗さであり、実際に加工した後の仕上げ面はこのような規則正しい凹凸にはなりません。図1-7-2は旋盤加工した実験結果の例ですが、切削速度が低いほど、またバイトの送り量が小さいほど実際の最大高さ粗さ（*Rz*）の値は理論的な最大高さ粗さ（*Rz*）の値よりも大きくなり、実際の粗さと理論粗さが乖離していることがわかります。

❸実際の粗さ

実際に得られる表面粗さが理論粗さよりも大きくなる主因には、①振動（運動誤差）、②工具摩耗、③凝着（構成刃先）、④工作物の塑性流動（削り残し）などがあります。

①金属加工のように大きな力が作用する場合、振動は大きく、ゼロにすることはできません。ただし、振動の種類によっては理論粗さに近づくものもあり、振動が発生すると表面粗さが必ず悪化するわけではありません。

②切削工具の先端（切れ刃）が摩耗すると、削り残しの原因になり、理論的な凹凸模様を形成することができません（図1-7-3（a））。とくに仕上げ加工では加工途中に切削工具を交換すると、仕上げ面に段差ができてしまいます。このため加工距離が長くなる仕上げ加工では、いかに切削工具を摩耗させずに加工するかという観点が必要になります。

③凝着（溶着）は溶解した工作物の一部が刃先に付着する現象で、凝着物が仮

図 1-7-1 旋盤加工の表面粗さ

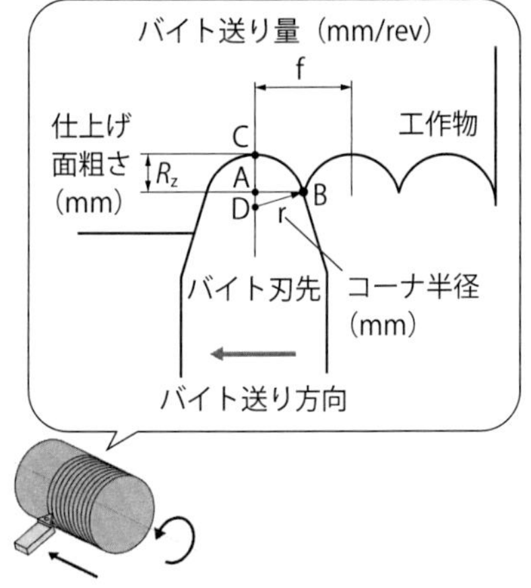

図 1-7-2 実際の表面粗さと理論粗さの例

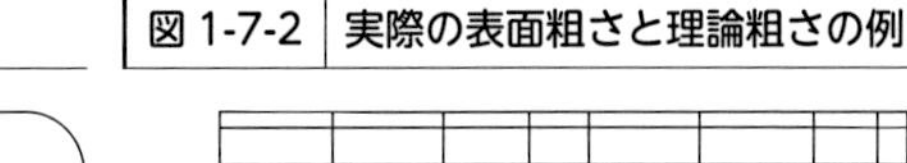

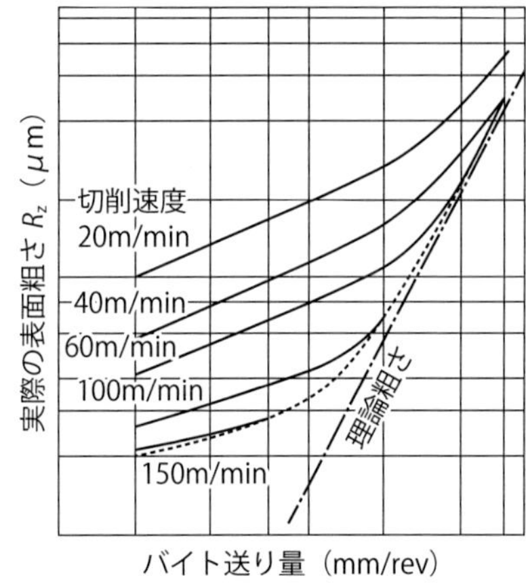

図 1-7-3 表面粗さが悪くなる理由

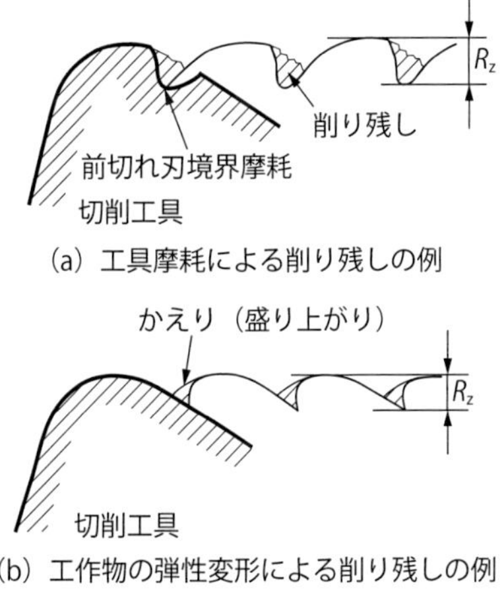

図 1-7-4 凝着による過剰切込みの例

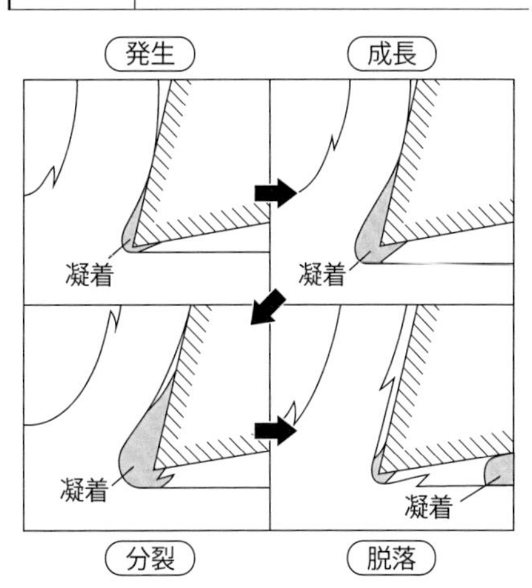

想的な刃先を形成することを「構成刃先」といいます。凝着が発生すると過剰切込みになり、また、脱落した凝着物が仕上げ面に付着するため、とくに仕上げ加工では凝着を発生させずに加工することが大切です（**図1-7-4**）。

④金属は弾性変形するため切削工具で工作物を削り取る際、本来削り取られる部分の一部が流動し、刃先の周辺に盛り上がる現象が生じます（図1-7-3（b））。

要点 ノート

機械加工で理論通りの仕上げ面（凹凸）を得ることは難しいです。理論通りにならない要因を発生させずに、実際の粗さを理論粗さに近づけることが大切です。

8. 切削工具の切れ味とは?

❶刃先の鋭さ

私たちが日常使用する包丁やカッター、ナイフなどの刃物は「刃先の鋭さ」によって切れ味を評価します。たとえば、刃先が摩耗した（丸まった）包丁でトマトを切ると、トマトがクシャッとつぶれてしまいますが、刃先が鋭く尖った包丁でトマトを切ると、スパッときれいに切れます。つまり、「刃先の鋭さ＝切れ味がよい」という評価になります。

❷せん断変形の度合いと切りくずの厚さ

しかし、機械加工（金属加工）で使用される切削工具では、「刃先の鋭さ」に加えて、もう一つ切れ味を評価する指標があります。それは「せん断変形の度合い」です。12頁で解説したように、切削工具で工作物を削った際に生じる切りくずはせん断変形しています。このせん断変形の度合いが大きいほど切削熱は高くなり、せん断変形の度合いが小さいと切削熱は低くなります。そして、せん断変形の度合いは切りくずの厚さによって評価でき、切りくずが厚いほどせん断変形の度合いが大きく、切りくずが薄いほどせん断変形の度合いが小さくなります。さらに、切りくずの厚さは「せん断角」で評価でき、せん断角が大きければ、切りくずが薄く、せん断角が小さければ、切りくずは厚くなります（**図1-8-1**）。つまり、せん断角を大きくし、切りくずを薄くする（せん断変形の度合いを小さくする）ことが理想で、せん断角が大きく薄い切りくずが排出できるほど、切れ味がよい切削工具といえます。

❸切削比

せん断角は実際に測定することはできませんが、力のつり合いにより理論的に求めることができます。せん断角ϕは切削工具のすくい角（すくい面の傾き角）と、設定切込み深さ、切りくずの厚さの3つの情報から計算できます。ここで、切込み深さと切りくずの厚さの比を「切削比」といいます（**図1-8-2**）。切削比が1に近いほど、切りくずの厚さが切込み深さに近づきます。機械加工（金属加工）で使用される切削工具の切り味は「切削比」で評価でき、切削比が1に近いほど切れ味の良い工具といえます。切りくずの厚みから「切削比」を計算でき、切削工具の切れ味を評価できることを覚えておくとよいで

図 1-8-1 切削工具の切れ味

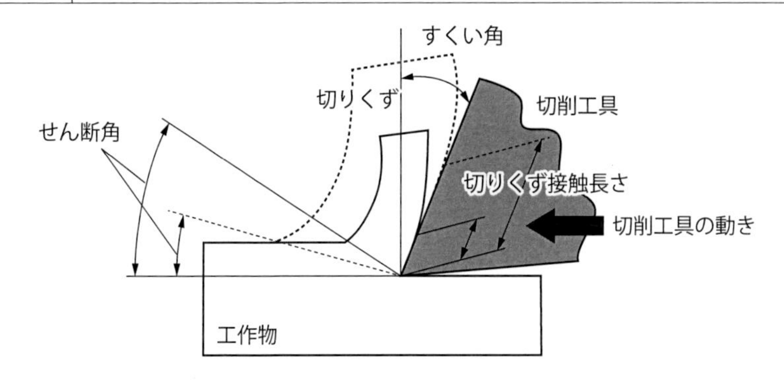

図 1-8-2 切削比（切りくずの厚さ）

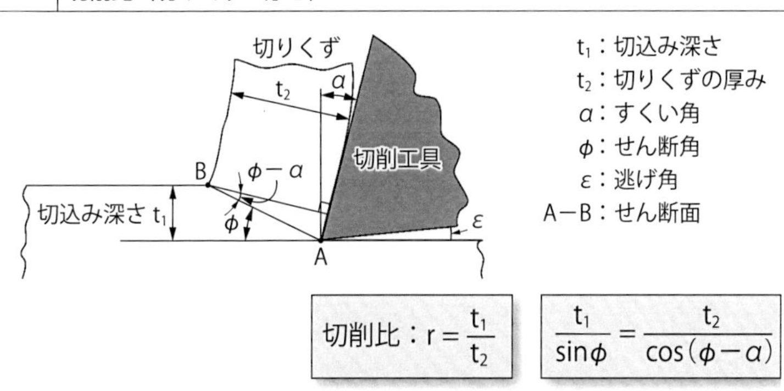

切削比：$r=\frac{t_1}{t_2}$　　$\frac{t_1}{\sin\phi}=\frac{t_2}{\cos(\phi-\alpha)}$

しょう。

❹変形と破断

針金をくねくねと曲げると、曲げている部分は熱を帯び熱くなり、そのうち破断します。金属は変形すると熱が発生し、本来の硬さよりも硬くなり、延性がなくなります（組織の変形により硬くなることを「加工硬化」といいます）。針金の変形と破断は機械加工時の切りくずの生成と切りくずの分離の現象によく似ています。切りくずは工作物本来の硬さよりも硬くなっている（切削工具の硬さに近づいている）ため、切削工具が噛みこむと刃先が欠けます。そのため、圧縮エアーや切削油剤を使い、すみやかに切りくずを切削点から遠ざけることが大切です。

要点 ノート

金属加工で使用する切削工具の切れ味は刃先の鋭さに加えて、切りくずの変形が小さい（切削比が1に近い）ことで評価できます。

9. 切りくずの種類

❶切りくずの種類

機械加工で工作物を削り取るときには一定の切削力が必要です。切削力によって工作物の表面を削ります。切削力は主軸（切削工具または工作物）の回転力が主で、切削力の力学的エネルギの95%は切りくずの生成、分離に使われます。機械加工は部品・製品をつくる加工法ですが、エネルギ消費の観点では「機械加工は切りくずをつくっている」といえるでしょう。機械加工で発生する切りくずの種類は主として工作物材質に、形状は主として機械加工の種類や切削条件、使用する切削工具のチップブレーカによって変わります。

JISでは切りくずの種類を4つに分類しています（**図1-9-1**）。しかし、実際の加工では切りくずの形状を明確に分類することは難しく、一般的には「連続形切りくずと不連続形切りくず」の2種類に分類されます。

①流れ形切りくず：すくい面に沿って連続的に生成される切りくずで、切削抵抗の変動がなく、良好な仕上げ面粗さを得ることができる切りくずです。一般にすくい角が大きい場合、切削速度が大きく、バイトの送り量・切込み深さが小さい場合、切削油剤を供給した場合などに生成されやすくなります。**図1-9-2**に、流れ形切りくずにおける切りくず表面の分類を示します。(d)はステンレス合金やチタン合金など熱伝導率の低い材料で生じやすく、切りくず表面がのこぎり刃のようになります。

②せん断形切りくず：断片的な破片が連続的に生成される切りくずです。鋼の切削では送り量・切込み深さが大きい場合、黄銅の切削で発生しやすくなります。流れ形切りくずよりも仕上げ面粗さが悪くなります。

③むしり形切りくず：切りくずがすくい面に粘りつき、流出が妨げられ刃先に溜まり、刃先前方に裂け目が生じるような切りくずです。切削条件を調整することにより、流れ形切りくずに変わることもあります。合金鋼の熱処理材（調質材）で見られます。

④き裂形切りくず：切削時に流れ形切りくずのように変形せず、切れ刃前方にき裂を生じる切りくずです。鋳鉄などの脆い工作物を切削した場合によく見られます。

図 1-9-1 切りくずの形状の種類

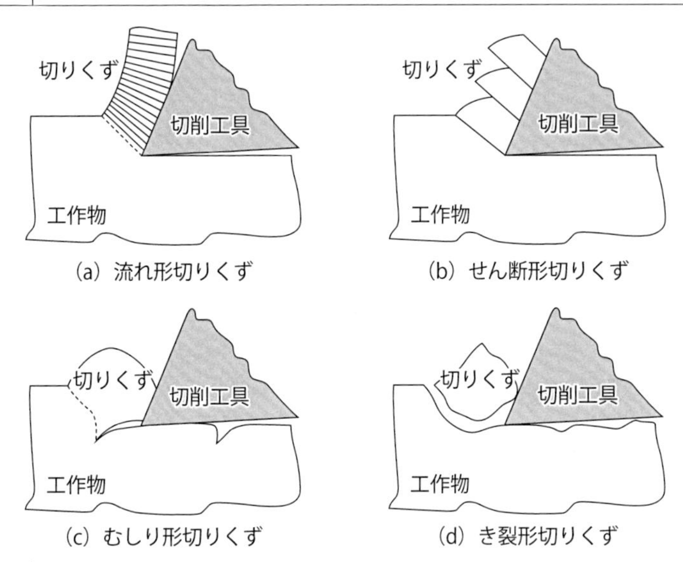

図 1-9-2 流れ形切りくずにおける切りくず表面の凹凸の種類

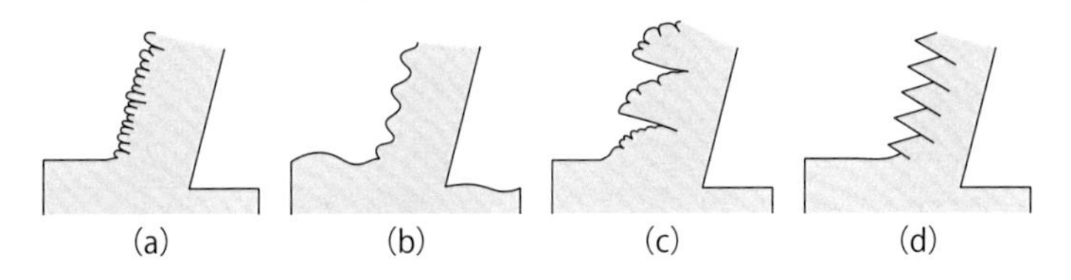

❷切りくずがらせん形状になる理由

旋盤加工で発生する切りくずは「らせん形状」になります。外径切削では運動する力が「工作物の回転方向」と「バイトの送り方向」の2つの方向に作用します。この2つの運動力が切りくずの形状と深く関係しています。仮に、工作物が回転しない状態で、バイトが工作物の軸に沿って移動したとすると、工作物は切込み深さ（チップが工作物に食い込んだ分）だけ削り取られます。このとき、発生する切りくずはチップブレーカによって曲げられ、「蚊取り線香」のような模様の渦巻き形状になります。しかし、実際には工作物は回転しているので、渦巻き形状（蚊取り線香形状）になるはずの切りくずがシャンクの方向に流れ出るようになり、「渦巻き形状」が「らせん形状」になります。

要点 ノート

旋盤加工の突っ切り加工では、工作物の回転方向とバイトの運動方向が向き合うため、切りくずは渦巻き形状になります。

10. 切りくずからわかる情報（切りくずは大切な情報源）

❶切りくずの色

図1-10-1に、切りくずの色と切削温度の関係を示します。鉄鋼材料を大気中で加熱すると、鉄鋼が酸化し、表面には酸化皮膜が生成されます。この酸化皮膜の厚さは加熱温度と加熱時間に比例します。そして、酸化皮膜の厚さによって色が変化して見えます。この色を干渉色といい、空に発生する虹やシャボン玉、水面上の油膜、CDやDVDの表面、くじゃくの羽根、真珠なども干渉色の代表例です。

❷干渉色の原理

酸化皮膜に光が入ると、一部の光は酸化皮膜の表面で反射し、その他の光は酸化皮膜の表面を通り抜け鉄鋼材料の表面で反射します。つまり、2通りの反射をしており、酸化皮膜の厚さに応じて特定の色の光だけが強められる結果、その色に見えるということです。酸化被膜自体は無色透明です。切りくずも酸化被膜の厚さによって色が変化するため、酸化被膜が厚い、言い換えれば切削点温度が高い場合は青く見え、反対に、酸化被膜が薄い、言い換えれば切削点温度が低い場合は黄色く見えます。つまり、「切りくずの色」を観察すれば切削点温度が高いか、あるいは低いかを判断することができます。

❸切りくずの厚さ

22頁で解説したように、「切りくずの厚さ」を測定することによって、せん断角を求めることができます。切りくずが薄いほどせん断角は大きく、切りくずが厚いほどせん断角は小さくなります。切りくずの厚さを測定することにより、切削工具の切れ味の良さ（または切削油剤の潤滑効果の高さ）を判断することができます。

❹切りくずのカール半径

図1-10-2に示すように、機械加工で発生する切りくずは通常、湾曲した形状になりますが、これは切りくずの表裏で流出速度が異なるためです。切りくずは湾曲が小さい方が表、大きい方（すくい面を流出する側）が裏です。切りくずの表面と裏面の速度差が大きいほどカール半径は小さくなります。言い換えれば、切りくずの裏面の速度が速い、すくい面の摩擦係数が低い（潤滑効果

図 1-10-1　切りくずの色と切削温度の関係（鉄鋼）

干渉色	切削点温度	切りくず
薄黄色	約 300℃	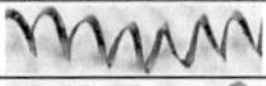
褐色	約 350℃	
紫色	約 400℃	
すみれ色	約 450℃	
濃青色	約 530℃	
淡青色	約 600℃以上	

図 1-10-2　切りくずが湾曲する原理（表裏による速度の違い）

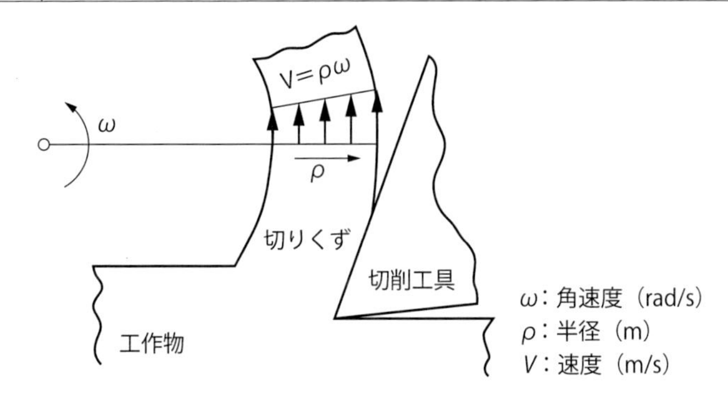

が高い）という評価ができ、「切りくずのカール半径」が小さいほど切削工具の切れ味が高い（または切削油剤の潤滑効果が高い）と判断することができます。

❺切りくずの飛散方向

切りくずの形状や飛散方向は同じ切削工具・同じ加工条件で削っていても変化します。これは切りくずが生成されるときの塑性変形（せん断変形）のわずかな力の差が原因です。しかし、切削点の状態が安定し、切りくずの生成が理想的に行われたとすれば、切りくずの形状はある程度同じ形状になり、ある程度同じ位置に飛散します。この状態は新品の切削工具を使用した直後でよく見られます。つまり、切りくずの飛散方向も切削状態の良否を識別する1つの情報といえます。

要点 ノート

切りくずは「くず、ごみ」ではなく、貴重な情報源です。切りくずを見れば作業者のレベルがわかるといわれます。切りくずに注目できる技術者になってください。

11. 2次元切削と3次元切削

❶ 2次元切削

図1-11-1と**図1-11-2**に、2次元切削と3次元切削を模式的に示します。図に示すように、1つの直線的な切れ刃を持つ切削工具（バイト）を、切れ刃と直角な方向に運動させ、切れ刃と平行な仕上げ面をつくる切削（切れ刃と切削方向が直角になる切削）を「2次元切削」といいます。本図では工作物を固定し切削工具（バイト）を運動させていますが、切削工具（バイト）を固定し工作物を運動させても同じです。2次元切削は切りくずの変形が切れ刃と直角な平面上で生じるため、切りくずの変形の様子や変形と切削力の関係を把握しやすいことが特徴です。このため、2次元切削は機械加工の基本特性を把握するために都合がよく、参考書などでたびたび使用されています。旋盤加工における突っ切り加工や形削り加工は2次元切削そのものです。

❷ 3次元切削

図1-11-3に示すように、外径切削において、工作物の回転を考えず、バイトの送り速度のみを考えるとほぼ2次元切削のようになります。ただし、実際には工作物は回転しており、かつ、切れ刃の刃先と根本では回転速度（周速度）が異なるため、厳密な2次元切削とは異なります。2次元切削の切込み深さtは外径切削の1回転あたりの送り量fに、2次元切削の工作物の幅bは外径切削の切込み深さtに対応することがわかります。つまり、旋盤加工の切りくずの厚みは1回転あたりの送り量fと密な関係を持っており、1回転あたりの送り量と切りくずの厚さを比較することで「切削比（切削工具の切れ味）」を求めることができます。

実際の旋盤加工では、主切れ刃（横切れ刃）に角度が付いていることが多く、この場合は切りくずが3次元的に変形します。切れ刃と切削方向が一定の角度で傾斜する切削を「3次元切削」といい、通常機械加工は3次元切削になります。図から、3次元切削では切削力の分力方向（図1-11-2中の**F3**の力）が1つ増えることがわかります。このため加工現象を把握するのは2次元切削よりも難しくなります。したがって、機械加工の原理の説明では2次元切削がよく使用され、切削原理を把握するにはまずは2次元切削を十分に理解するこ

図 1-11-1　2次元切削

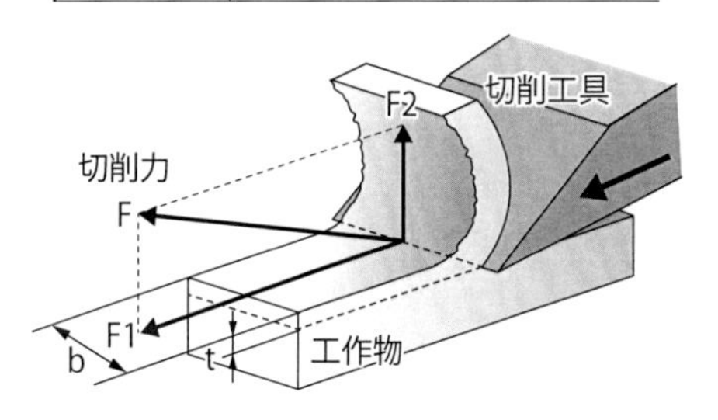

図 1-11-2　3次元切削

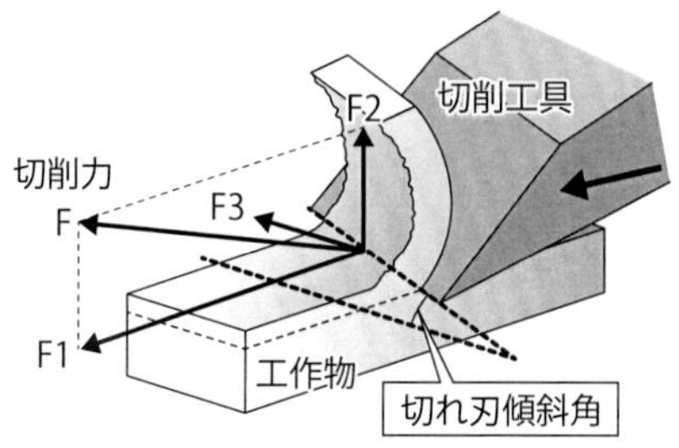

図 1-11-3　旋盤加工における外径切削の模式図

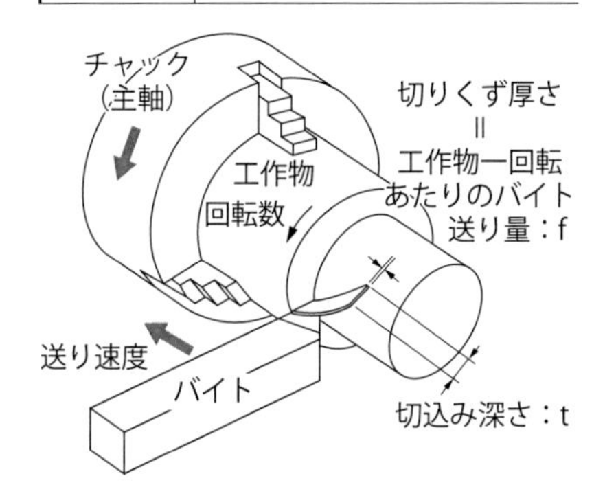

図 1-11-4　2次元切削の模式図と名称

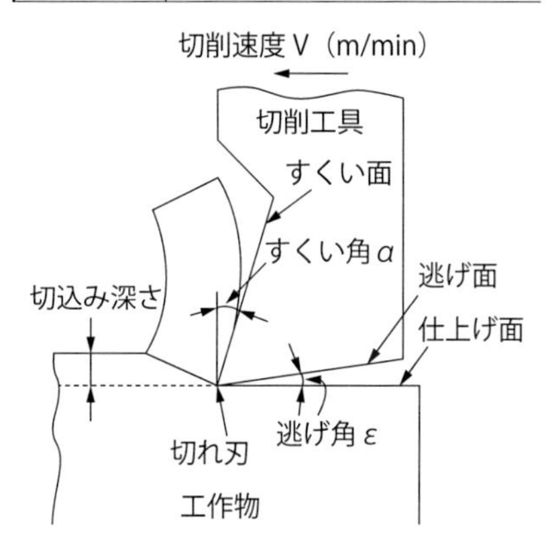

とが大切です。

なお、**図1-11-4**に示すように、切りくずが流出する面を「すくい面」、仕上げ面側に位置する面を「逃げ面」といい、この2面で構成され、2面が交わる線を「切れ刃」といいます。また、すくい面の傾き角を「すくい角」、逃げ面と工作物の仕上げ面がなす角を「逃げ角」といいます。「逃げ角」は逃げ面が仕上げ面と接触しないために設ける角度です。

切れ刃の強度を高めるため切れ刃には通常丸みがほどこされています。この丸みの大きさを「ノーズ半径またはコーナ半径」といいます。ノーズ半径の大きさは数種類あり、その選定は仕上げ代の設定、仕上げ面粗さ、切りくず処理、刃先強度に影響するためとても大切です。

要点 ノート

2次元切削は機械加工（金属加工）を理解する原点です。機械加工（金属加工）を理解するためには2次元切削をしっかり理解することが大切です。

12. 強制切込み加工と圧力転写加工（その1）

❶切削加工の特徴

切削加工は切削工具を工作物に食い込ませ、工作物の不要な箇所を取り除き、所望の形状をつくる加工です。切削工具が工作物に食い込む深さを「切込み深さ」といい、切削加工は切削工具を工作物へ強制的に食い込ませる加工法です。つまり、切削加工は「強制切込み方式（運動転写方式）の加工」ということができます。切削工具を工作物に強制的に食い込ませることにより除去量は多くなります。このため、切削加工は研削加工、研磨加工と比較して加工能率が高いことが利点です。また、切削工具は刃先を目で確認でき、固定されています。このため、削りたい箇所を的確に削ることができます。このことを「制御性」という言葉を使用すると**図1-12-1**のとおり、「制御性が高い（よい）」加工法といえます。

一方、機械加工は切削工具（刃物）の刃先を工作物に転写する加工法です。このため、加工した面には切削工具の刃先の跡が残ります。切削工具の跡を「切削条痕」といいます。切削加工で使用する切削工具（ドリル、バイト、正面フライス、エンドミルなど）の刃（切れ刃）は目視で数えるほどしかないので、加工面には切削条痕が明確に残ります。そのため、仕上げ面粗さは一定以上、きれいにすることは困難です。

❷研磨加工の特徴

研磨加工は図1-12-1のとおり、歴史的にもっとも古く、と粒と呼ばれる小さな硬い粒（研磨材）を工作物に押し付け、工作物の表面を削り取る加工法です。通常、と粒は水や油などの液体に混ぜ（これをスラリーという）、スラリーを研磨布と工作物の間に供給して工作物の表面を削り取ります。研磨加工は研磨材の入ったペースト状のクリーナをスポンジの上に垂らしガラスを磨く作業や、歯磨き粉で歯を磨く作業に似ています。

研磨加工の特徴の1つは「圧力制御で加工を行うこと」です。切削加工は「切込み深さを与えて工作物を削る運動制御方式の加工」でしたが、研磨加工は研磨布を工作物に押し付ける圧力によって工作物を削るため、「圧力制御方式（圧力転写方式）の加工」ということになります。多く削りたいときは研磨

図 1-12-1　切削加工、研削加工、研磨加工の利点と欠点

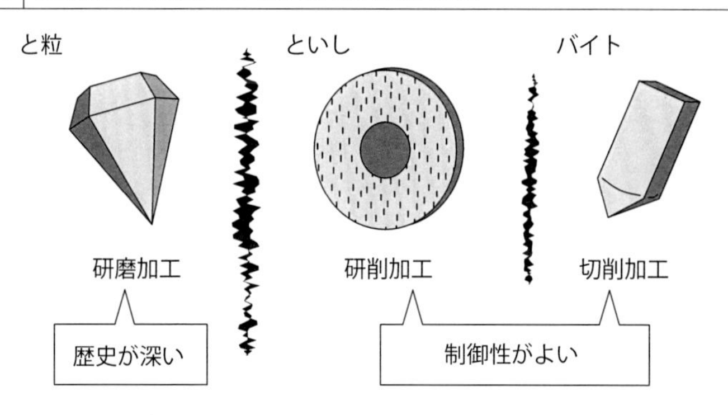

布を強く押し付け、少しだけ削りたいときは研磨布を弱く押し付けます。ただし、研磨加工は圧力制御方式のため、強制切込み方式の切削加工と比較すると、削れる量は少なくなります（加工能率は低くなります）。

研磨加工の2つ目の特徴は刃物であると粒が「固定されていない」ということです。研磨加工の刃物はと粒ですが、と粒は液体中に混合され浮遊しているだけです。このため、研磨加工は「遊離砥粒加工」ともいわれます。刃物であると粒が固定されていないため、削りたい箇所を的確に削ることができません。このことを前述した切削加工と同様に「制御性」という言葉を使用すると「制御性が低い（悪い）」加工法といえます。一方、研磨加工で使用すると粒（切れ刃）は目視で数えることができないくらい多く、切削加工で使用する切削工具に比べて多数です。このため、加工面にはと粒が削った跡（条痕）が残りますが、圧力転写であることと遊離砥粒であることも起因して、条痕が小さく、鏡のような平滑な加工面を得ることができるのが利点です。

工具に与えられる切込み深さが同じでも、同時作用切れ刃数が多ければ1つの切れ刃当たりの切込み深さは小さくなります。そのため、仕上げ面粗さはよくなり、それに伴って加工面に残留する加工変質の深さも浅くなります。切込み量の制御は運動転写方式によって変位量で与えるよりも、圧力転写方式によって荷重で与えた方が微小量の設定ができるので、研磨ではさらによい仕上げ面粗さや浅い加工変質層が得られます。

要点 ノート

強制切込み加工は加工能率が高く、圧力転写加工は表面粗さを低く（よく）できます。研削加工は強制切込みと圧力転写どちらでしょうか。

13. 強制切込み加工と圧力転写加工（その2）

研削加工の利点と欠点

研削加工はといしを工作物に食い込ませ、工作物の不要な箇所を取り除き、工作物の表面を削り取る加工法です（**図1-13-1**）。といしはと粒を結合材と混ぜて焼き固めたもので、その形状はさまざまなものがあります。研削加工は「切込み深さ」を与えて工作物を削り取るため、切削加工と同じ「強制切込み方式（運動転写方式）の加工」になります（**図1-13-2**）。また、といしは個体ですので、切削工具と同様に制御性が高くなります。ただし、といしは縦弾性係数（ヤング率：外力を作用させたときの変形のしにくさを表す指標）が低く変形しやすいため、と粒が工作物を削り取る点（研削点、といしが工作物と接触する点）ではといしが凹み、圧力制御方式の加工になっています。このイメージは空気圧の低いタイヤは、道路と接触した部分が凹み面接触になるのと同じです。といしはと粒の集合体なので目視でと粒（刃）の数を数えることはできません。したがって、研削加工もと粒が工作物を削り取った跡（条痕）が加工面に残りますが、その数が多数で深さも小さいため、研磨加工に匹敵する平滑な仕上げ面を得ることができます。つまり、研削加工は切削加工に近い加工能率でありながら、研磨加工に近い平滑な加工面を得ることができる加工、言い換えると、切削加工と研磨加工の中間的な加工ということができます（**図1-13-3**）。

図 1-13-1　機械加工の分類と具体例

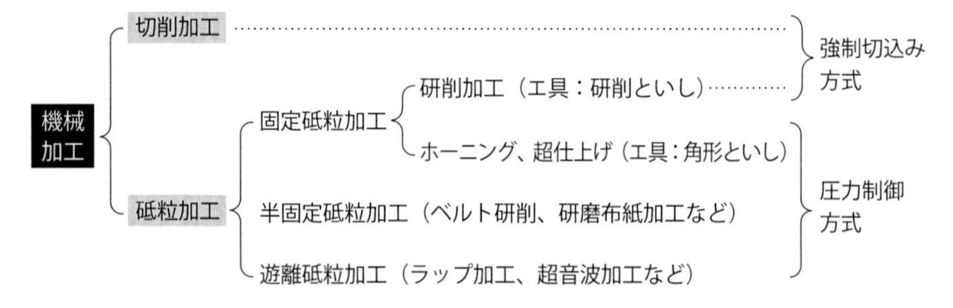

図 1-13-2 強制切込み加工と圧力切込み加工の概念

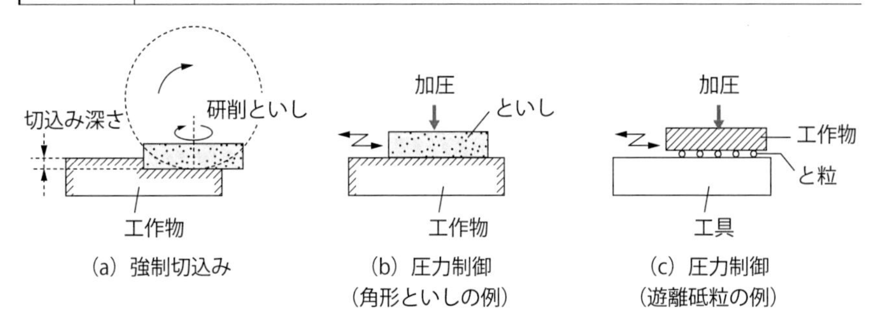

図 1-13-3 切削加工、研削加工、研磨加工の特性

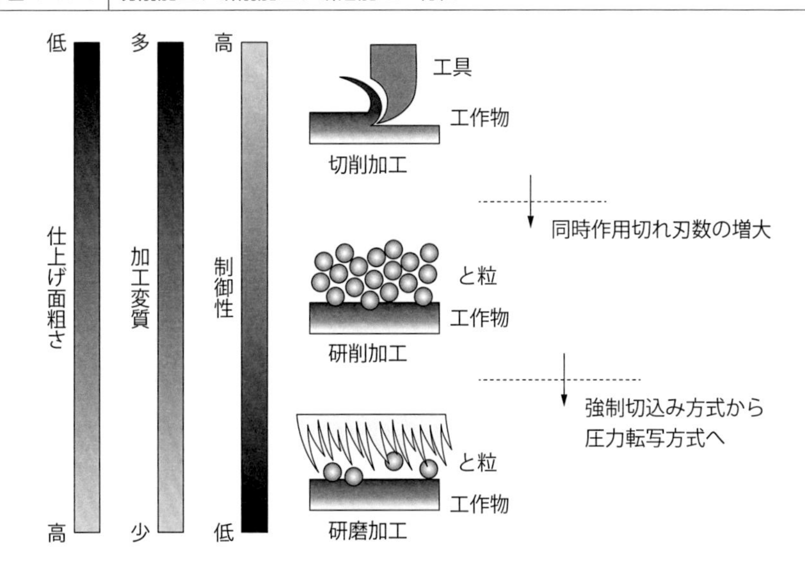

一口メモ

切削・研削は「削る（寸法重視）」、研磨は「磨く（表面粗さ重視）」です。運動転写方式の加工精度（形状精度）は切削工具の刃先形状だけでなく、工作機械の剛性、運動精度に影響されますが、運転転写方式の面精度（表面粗さ）は工作機械の運動精度に影響されず、工具（円板）の形状精度に依存します。

要点 ノート

切削加工、研削加工、研磨加工の加工メカニズムから特徴（利点と欠点）を知ることが大切です。

14. マザーマシンとは?

❶マザーマシンと呼ばれる由来

機械加工は切削工具で工作物の不要な部分を除去し、切削工具と工作物の相対的な運動によって形状を創成する加工法です。そして、機械加工を行うために使用する機械が「工作機械」です。私たちの身の回りには多くの工業製品が存在していますが、工作機械はこれらの製品の部品をつくっています（図1-14-1）。工作機械は社会をつくる基盤です。

工作機械は部品や製品を産み出す「母」であり、部品や製品は工作機械から産み出される「子供」であるという考え方から、工作機械は「マザーマシン（母なる機械）」と呼ばれます。そして、工作機械によってつくられる部品や製品の精度（形状精度や仕上げ面粗さ）は工作機械の精度（主軸の回転精度やテーブルの運動精度）に依存します（図1-14-2）。つまり、工作機械は自身が持つ精度を超える製品・部品（形状精度）をつくることができません。言い換えれば、部品（子供）の精度は工作機械（母）の精度を超えられません。これを「母性原理」といいます。

❷母性原理と工業製品の進化の矛盾

母性原理とは、工作機械は自分の精度以上の部品や製品をつくれないという原理ですから、母性原理に従うと工業製品は進化できません。しかし、時代とともに工業製品や工作機械は高精度、高品質、高機能に進化していますから、母性原理と工業背品の進化は矛盾しています。どうして工業製品や工作機械は進化できたのでしょうか。

たとえば、回転精度や運動精度が10 μmの工作機械を使用して多数の製品・部品をつくった場合、まれに形状精度が1 μmに近い良品の製品・部品がつくれることがあります。これは段取りや工作機械を操作する段階で人が介入することで生み出されます。良品を選び組み合わせることで、母性原理に従わない高品質な製品がつくられ、工業製品や工作機械は進化してきました。

また、工業製品は多数の構造部品を組み合わせてつくられていますが、1つひとつの部品形状は多少粗悪でも、組み立てを調整すれば結果的に良品な工業製品が完成します。このように、組み立て調整を行う職人技も工業製品の進化

図 1-14-1　工作機械の役割（「マザーマシン」と呼ばれるゆえん）

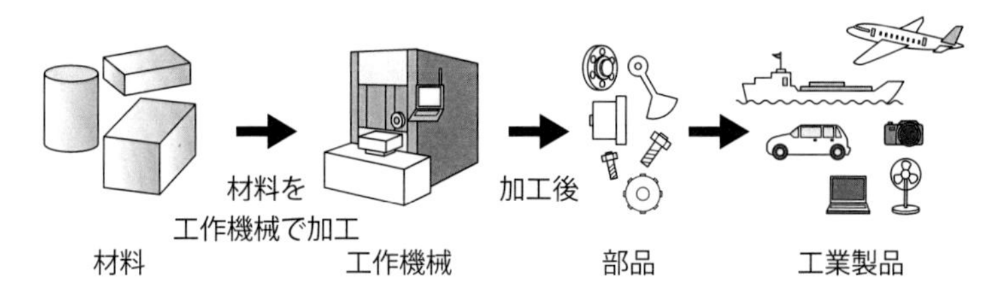

図 1-14-2　加工精度を決定する主要な要素（母性原理）

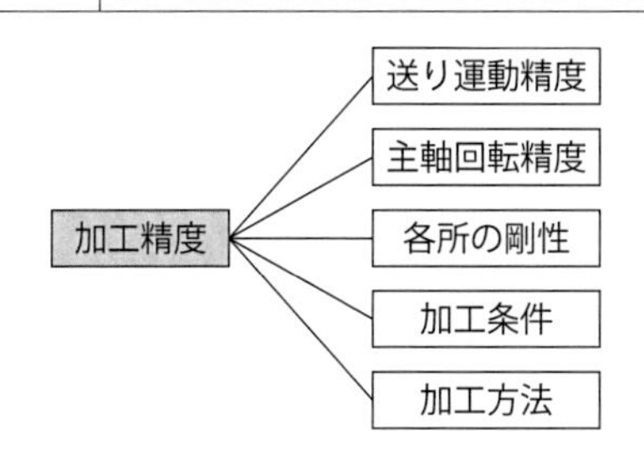

加工精度を向上させるには「幾何公差」を小さくすることが大切です。

図 1-14-3　旋盤の原型（イメージ）

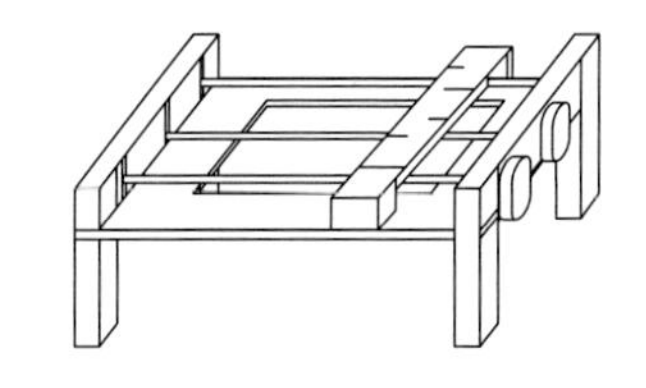

(a) ダ・ビンチが設計したねじ切り機

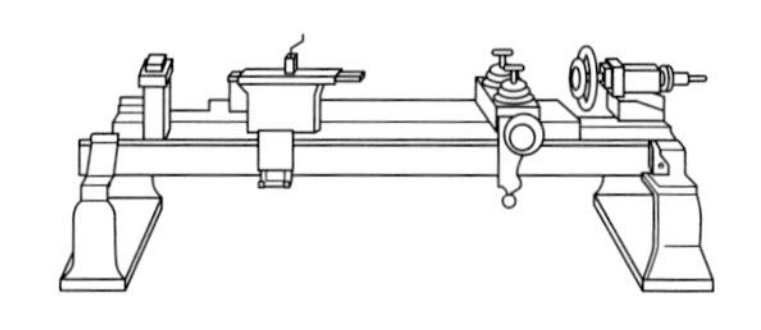

(b) モーズリーが設計した旋盤

に貢献しています。工業製品の進化には、人の高いスキルが欠かせないことを覚えておいてください。

❸工作機械の起源

旋盤の生みの親はレオナルド・ダ・ビンチといわれています。当時は木の棒を回転させ、木のねじを作っていたようで、「ねじ切り機」と呼ばれていました。その後、多くの技術者が改良を重ね、1797年にイギリスのヘンリー・モーズリーがつくったねじ切り盤が現在の旋盤の原型になっています。**図1-14-3**は、ダ・ビンチとモーズリーが設計した旋盤のイメージです。

要点 ノート

マザーマシンの母性原理の考え方は機械加工の大原則です。母性原理を理解することにより機械加工の理想像が見えてきます。

15. 代表的な工作機械（その1）

日本産業規格（JIS B 0105）では、工作機械について「主として金属の工作物を切削、研削または電気、その他のエネルギを利用して不要な部分を取り除き、所要の形状につくり上げる機械。狭義であることを特に強調するときには、金属切削工作機械ということもある」と記載しています。工作機械は求める形状や表面粗さなど加工の目的によって非常に多くの種類があるため、ここですべては紹介できませんが、代表的な工作機械を以下に示します。

❶ボール盤

ボール盤は「ドリルを使用して工作物に穴を加工する工作機械」です。ドリルは主軸に取り付け、主軸（ドリル）を回転させ、軸方向に運動させることによって工作物に穴をあけます。多用されるボール盤には①卓上ボール盤、②直立ボール盤、③ラジアルボール盤（**図1-15-1**）があります。卓上ボール盤は作業台上に据え付けて使用する小型のボール盤で、DIYなどでも使用される簡易的な工作機械です。外観は直立ボール盤と同じです。直立ボール盤は主軸が垂直になっている立て形のボール盤で、卓上ボール盤よりも大きく、剛性が高いものです。直立ボール盤は原始的な構造をしているため、工作機械の各部の名称と働きを覚えるにはもっとも適しています。ラジアルボール盤は円柱形状の直立したコラムを中心に旋回できるアームを持ち、主軸頭がアーム上を水平に移動できるボール盤です。

❷旋盤

旋盤は主として「円柱状の工作物（丸棒）を加工する工作機械」です。工作物は主軸に取り付け、主軸（工作物）を回転させ、切削工具（バイト）を工作物に押し当てることによって削ります。加工のメカニズムは鉛筆削り、リンゴの皮むき、ダイコンの桂むきと同じです。**図1-15-2**に普通旋盤を示します。図からわかるように、主軸を地面と水平に装備し、ベース、ベッド、主軸台、心押し台、往復台、刃物台などから構成されています。主軸を地面と垂直に備えたものは「立て旋盤（**図1-15-3**）」といいます。

❸フライス盤

フライス盤は主として「四角形状（矩形）の工作物を加工する工作機械」で

図 1-15-1 ラジアルボール盤

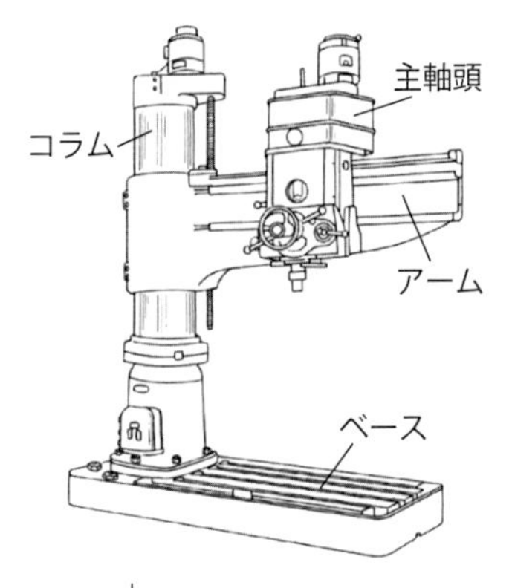

図 1-15-2 普通旋盤

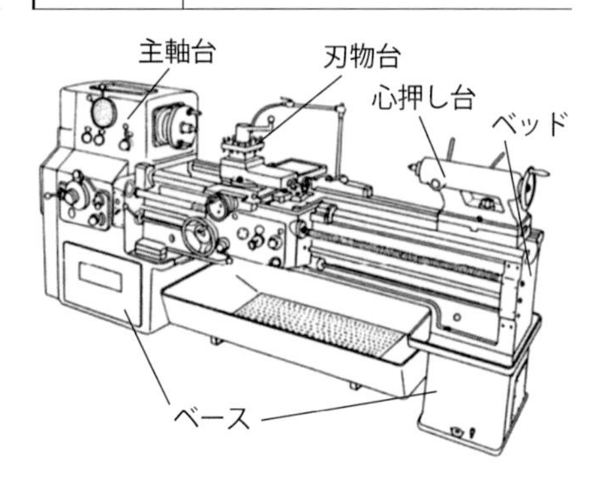

図 1-15-3 立て旋盤

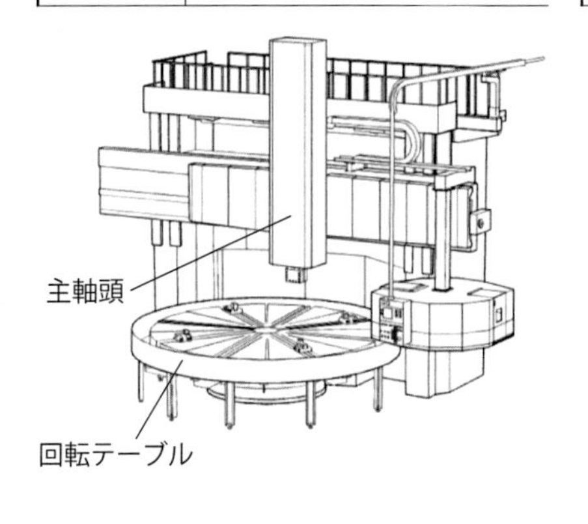

図 1-15-4 立てフライス盤

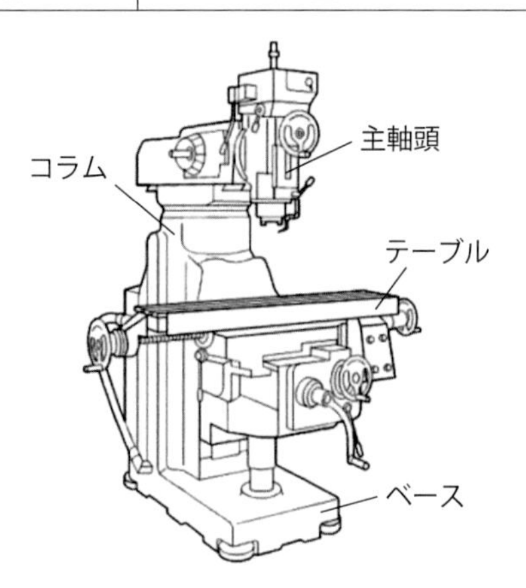

す。工作物はテーブル上に取り付けます。切削工具を主軸に取り付け、主軸（切削工具）を回転させ、切削工具を工作物に押し当てることによって削ります。旋盤は工作物が回転し、フライス盤は切削工具が回転するというのが両者の大きな違いです。**図1-15-4**にフライス盤を示します。図からわかるように、基本的な構造はボール盤に似ています。ボール盤は主軸が上下方向にしか運動できないため穴加工しかできませんが、フライス盤はテーブルが左右前後に運動できるため、穴加工をはじめ多様な形状を加工することができます。主軸を地面と水平に備えたものもあり「横フライス盤」といいます。

要点 ノート

旋盤は工作物が回転し、ボール盤やフライス盤は切削工具が回転するというのが大きな違いです。工作機械は主軸の向き（水平、垂直）に注目することも大切です。

16. 代表的な工作機械（その2）

❶研削盤

研削盤は研削といしを使って工作物を除去する工作機械です。研削盤も他の工作機械と同様に、主軸が地面と水平な横軸（横形）と、主軸が地面と垂直な縦軸（立て形）に大別できます。横形では平形といし・直動テーブル、立て形ではカップといし・回転テーブルという組み合わせが主になります。

❷横軸（平形砥石、直動テーブル）の特徴

図1-16-1に、横軸・角テーブル形平面研削盤と加工の様子を模式的に示します。横軸の研削盤は平形といしの外周面を使って工作物を除去します。このため、理論上の加工点（といしと工作物が接触する点）はといしの幅方向の線接触（実際にはといしが弾性変形するため面接触になる）になります。といしの外周面上には多くのと粒が点在しますが、実際に工作物を除去すると粒は加工の瞬間、加工点に位置する「と粒」だけです。すなわち、加工の瞬間に作用すると粒は少ないということです。また、平形といし・直動テーブルの特徴として加工点における研削速度（周速度）が一定であること、加工面の研削条痕（と粒が削った跡）が線状になることなどがあります。直動テーブルは運動方向が変わる左右では慣性力が作用し、加工中の加速度が一定になりにくいため、回転テーブルに比べて運動精度が低いこと、主軸が片持ちになるため縦軸よりも加工精度が劣る傾向にあることが欠点です。

❸縦軸（カップ形砥石・回転テーブル）の特徴

図1-16-2に、縦軸・回転テーブル形平面研削盤と加工の様子を模式的に示します。縦軸の研削盤はカップ形といしの幅を使って工作物を除去します。カップ形といしはと粒が平面上に広がっており、工作物に接触する幅方向のすべてのと粒が研削に寄与します。このため、工作物の除去に作用する砥粒数が平形といしよりも多いことが特徴です。といしの外周に近い「と粒」（工作物をはじめに削り始めると粒）は設定切込み深さと同等の切込み深さになりますが、といしの中心に近いと粒は外周のと粒が削った面を仕上げるように働くため、と粒切込み深さが小さくなります。仕上げ面の性状を構成するのはといしの中心に近いと粒なので、平形といしよりも仕上げ面が平滑になりやすいので

図 1-16-1 横軸・角テーブル形平面研削盤と加工の様子

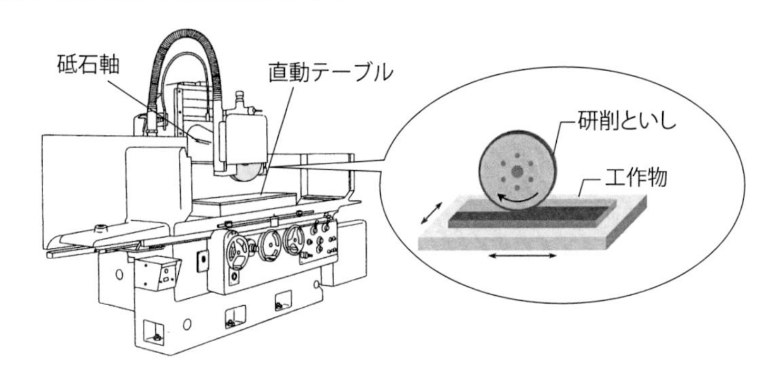

図 1-16-2 縦軸・回転テーブル形平面研削盤と加工の様子

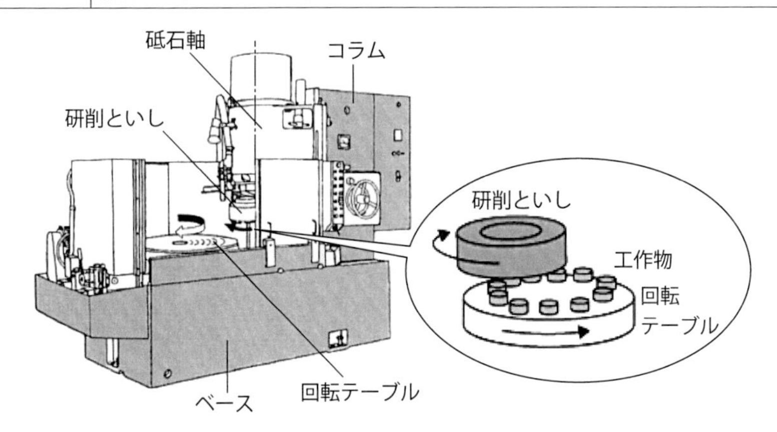

す。ただし、といしと工作物の接触面積が大きく、加工に作用する砥粒数も多いため、研削熱や研削抵抗が高くなり、目づまりしやすことが欠点です。研削油剤が研削点に供給されにくいことも影響しています。

カップ形といし・回転テーブルにはその他にも、加工点における研削速度（周速度）が一定でないこと（といし、回転テーブルの外周ほど高く、内周ほど低い。とくに工作物の中心では研削速度・周速度がゼロになり、加工精度が悪くなる）、加工面の研削条痕（と粒が削った跡）が円弧状になるなどの特徴があります。回転テーブルは直動テーブルに比べ、慣性力が作用しないため回転速度を高くでき、加工能率を向上させ、主軸剛性が高いことも利点です。

要点 ノート

研削加工は機械構造による特徴と、1個のと粒が工作物を削り取る量（と粒切込み深さ）を考えることが大切です。

17. 代表的な工作機械（その3）

❶表面仕上げ機械（ラップ盤とポリッシ盤）

と粒を使った加工には「研削と研磨」があります。と粒をボンド剤と混合し焼結して固め、任意の形状（といし）をつくり、といしを工具として工作物に押し当て加工するのが「研削」で、と粒をそのまま工作物に供給し、加工するのが「研磨」です。したがって、研削は「固定砥粒加工」、研磨は「遊離砥粒加工」と呼ばれることもあります。

研磨加工には「ラッピングとポリシング」の2種類があり、両者ともと粒を工作物に供給して加工するのは変わりませんが、ラップ加工は鋳鉄などの硬い円板上に数10 μmのと粒を供給し、工作物の表面を磨きます。一方、ポリシングは合成樹脂などの軟らかい円板上に1 μm以下のと粒（研磨剤）を供給し、工作物を磨きます。ポリシングはラッピングの後加工に位置し、ラッピングは表面粗さ低減と平滑化を、ポリシングは表面粗さのさらなる低減（鏡面加工）と加工変質層の除去を目的とした加工です（**表1-17-1**参照）。

図1-17-1に、ラップ盤を模式的に示します。ラッピングに使用される工作機械を「ラップ盤」、ポリシングに使用される工作機械を「ポリッシ盤」といいます。両者は**図1-17-2**に示すように、工作物を押し付ける円板が硬質か軟質かの違いで、加工のメカニズムは同じなので、ラップ盤とポリッシ盤の構造は基本的に同じです。ガラスのポリシングには酸化セリウムという研磨剤が使われます。酸化セリウムはガラスと化学反応し、ガラスが磨きやすくなるためです。化学反応を利用した研磨加工を化学機械研磨（CMP：Chemical Mechanical Polishing）と呼んでいます。

❷圧力制御方式の利点と欠点

ラッピングとポリシングは円板と工作物に圧力を加えて行う加工です。圧力制御（転写）方式の加工は切削加工や研削加工の強制切込み方式の加工と比較して、平滑な表面粗さが得られやすい一方、高い形状精度を得ることは難しくなります。これは**図1-17-3**に示すように、圧力制御方式では圧力をかける円板や工作物が弾性変形するため、前加工面にならうような除去原理になり、前加工面の形状誤差を完全に除去することができないからです。

表 1-17-1 ラッピングとポリシングの基本的特徴

加工法	使用砥粒	仕様工具	加工目的
ラッピング	粗砥粒 （数μm以上）	硬質工具 （＝ラップ）	高能率加工 寸法精度・形状精度の確保
ポリシング	微細砥粒 （数μm以下）	軟質工具 （＝ポリシャ）	表面粗さ低減・鏡面加工 加工変質層僅少化・除去

図 1-17-1 ラップ盤

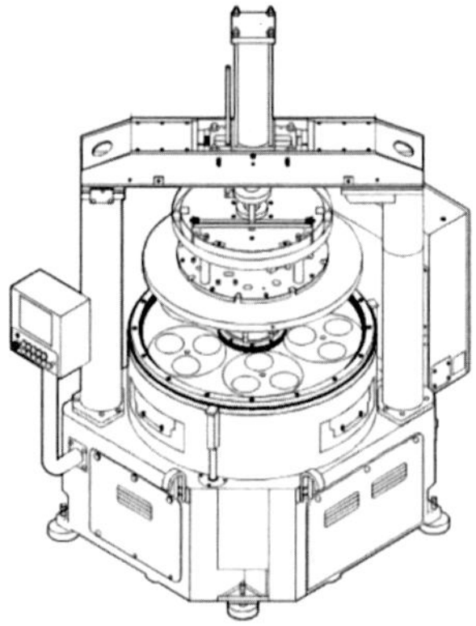

図 1-17-2 ラッピングとポリシングの違い

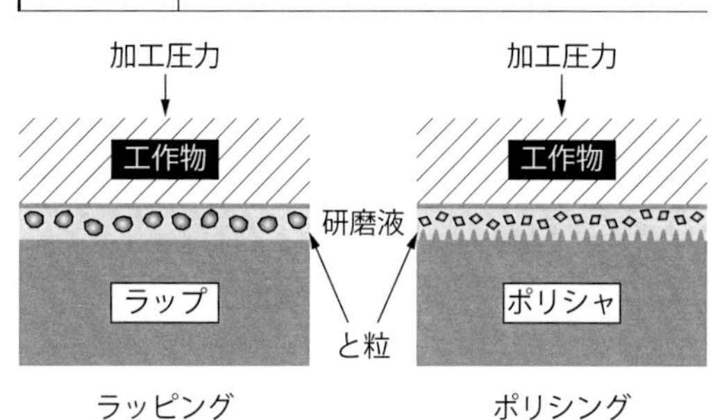

図 1-17-3 強制切込み方式と圧力制御方式の除去形態の違い（イメージ）

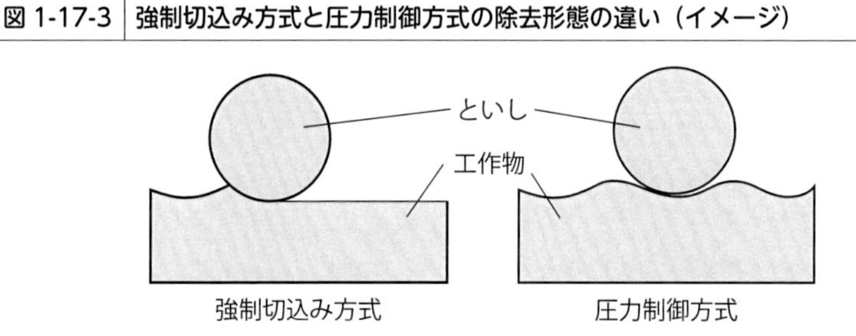

圧力転写方式は面で接触するため作用する砥粒数が多いので、きれいな仕上げ面が得やすくなります。また、1個のと粒の削り量が小さいので工作物表面の残留応力が小さく、加工変質層も浅くなります。

要点 ノート

圧力制御方式（研磨加工）と強制切込み方式の利点と欠点を理解することが大切です。

18. NC工作機械（数値制御工作機械）

工作機械は工作機械本体にハンドルを装備し、ハンドルを回して（操作して）主軸やテーブルを運動させ加工作業を行うものと、工作機械本体にハンドルを装備せず、ハンドルの代わりに操作パネルを装備し、操作パネルに入力した数値データ（NCプログラム）によって主軸やテーブルを運動させ加工作業を行うものに大別されます。一般に、前者を「汎用工作機械」、後者を「NC工作機械」といいます。

❶NC旋盤とNCフライス盤

図1-18-1に、NC旋盤とNCフライス盤を示します。図からわかるように、両者の本体には操作ハンドルがなく、代わりに操作パネルが装備されています。NCはNumerical Control（ニュメリカル・コントロール）の頭文字を取った略称で、「数値制御」という意味です。NC工作機械は主軸頭やテーブルを動かす各軸にモータを取り付け、このモータを電気信号（パルス信号）で動かして加工するというアイデアによってアメリカで考案されたのが起源です。NC旋盤とNCフライス盤はこの説明の通り、汎用の旋盤とフライス盤の各軸にモータを取り付けた工作機械です。

❷NCによる量産加工と課題

NCが開発される以前の工作機械を使った量産加工（同じものを大量につくる）では、あらかじめ製作したモデルをならって加工する「ならい加工」や、オルゴール・からくり時計に使用されている歯車やカム（非円形をした板）を利用した簡易的な自動加工が主でしたが、機械的な構造が複雑であり、メンテナンスが難しいことが欠点でした。このような時代に加工形状の輪郭を座標値と見なして制御するNC（数値制御）という新しい技術が開発され、NC工作機械によって作業者のスキルに依存せず、均一で安定したものを量産できるようになりました。

❸ターニングセンタとマシニングセンタ

NC旋盤とNCフライス盤の普及により安定したものづくりを行うことができるようになりました。しかし、切削工具の取り換えは作業者が行う必要があり、完全自動化にはならず加工自動化にすぎませんでした。そこで、切削工具

図1-18-1 NC旋盤とNCフライス盤

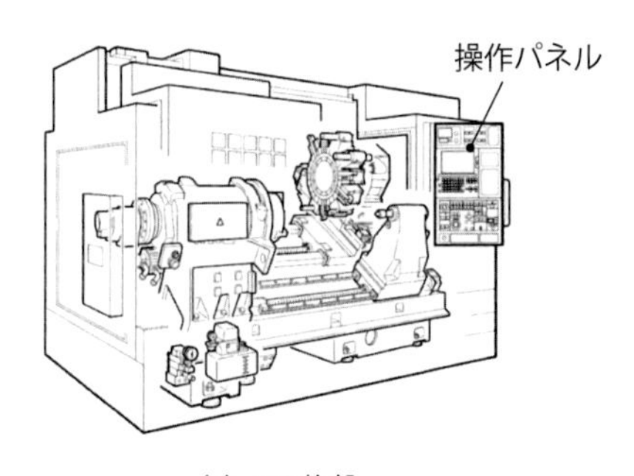

(a) NC旋盤　(b) NCフライス盤

図1-18-2 ターニングセンタとマシニングセンタ

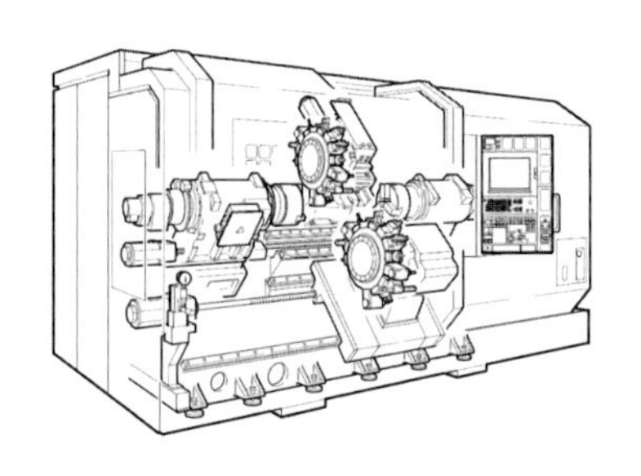

(a) ターニングセンタ

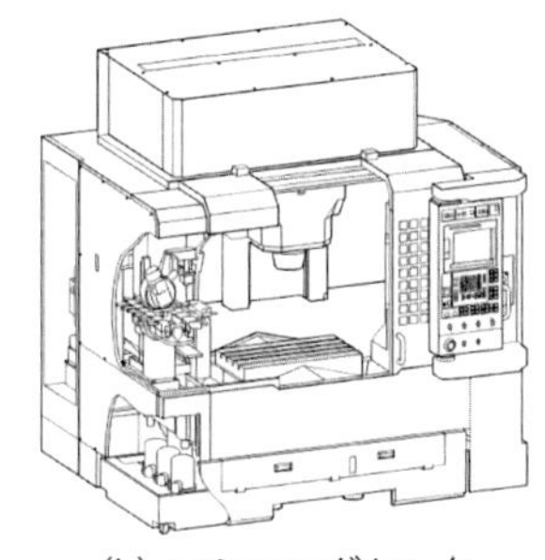

(b) マシニングセンタ

の自動交換機能が開発され、NC旋盤とNCフライス盤に装備されました。

自動工具交換機能を備えたNC旋盤は「ターニングセンタ」、NCフライス盤は「マシニングセンタ」と新たに名付けられました（図1-18-2）。つまり、ターニングセンタやマシニングセンタは自動工具交換機能を備えたNC旋盤、NCフライス盤ということです。ターニングセンタでは主軸を一定の角度で固定できる割り出し機能も付けられました。

ターニングセンタ、マシニングセンタの誕生により、全加工工程を完全自動化することができるようになり、加工作業における省人化と加工時間短縮による低コストな「ものづくり」が行えるようになりました。ターニングセンタ、マシニングセンタは現在生産現場に広く普及し、主力になっています。

要点 ノート

現在、ターニングセンタ、マシニングセンタによる自動加工が実現していますが、「刃物が欠ける、切りくずが絡む」など加工中に発生する突発的トラブルの対処には作業者が介入する必要があり、完全な自動化（無人化）は実現できていません。

19. 工作機械の構造、原理、特徴

❶立て形と横形

工作機械は主軸が取り付けられている向き（方向）によって「立て形」と「横形」の2種類に大別されます。立て形は「主軸が地面に対して垂直方向に取り付けられているもの」で、横形は「主軸が地面に対して水平方向に取り付けられているもの」です。通常、ボール盤やフライス盤、マシニングセンタは立て形が多く、旋盤や研削盤は横形が多くなっています。

❷立て形の利点と欠点

図1-19-1に、立て形工作機械の加工の様子を模式的に示します。図に示すように、立て形はテーブルに取り付けた工作物の上面を切削工具で削るので、加工図面と切削位置の相対的な関係が一致するため操作感が得られやすく加工ミスが少ないこと、主軸が上下に動くため切削工具の刃先と工作物の接近距離を把握しやすいこと、小型で省スペースに設置できることが利点です。

一方、立て形の多くはコラムが主軸頭を支える構造で、切削工具を取り付ける主軸がテーブルの上側に張り出した片持ち形状になるため、主軸頭を支えるコラムには頑丈さ（剛性）が求められることが欠点です。コラムの剛性が低い場合には、切削時に発生する切削抵抗によって主軸頭が跳ね上がり振動が生じるため、加工精度が悪くなります。また、加工時に発生する切りくずは工作物やテーブル上に堆積しやすく、切りくずを噛み込むトラブルが発生しやすいため、適宜、圧縮エアーなどで切りくずを切削点から取り除く必要があります。切りくずは自動化の阻害要因です。

❸横形の利点と欠点

図1-19-2に、横形工作機械の加工の様子を模式的に示します。図に示すように、横形は加工時に発生する切りくずが重力により切削点の下側へ自然落下し、切りくずが工作物やテーブル上に堆積しにくく、切削時に切りくずを噛み込む確率が少なくなるため自動化に適していることが利点です。一方、切削工具が作業者の目線に対して横を向いているため、切削工具と工作物の距離関係が把握しにくいこと、これに起因して加工ミスが生じやすいこと、段取りが立て形と比べて難しいことなどが欠点です。また、本体が横長になるため設置ス

図1-19-1 立て形工作機械の加工の様子

図1-19-2 横形工作機械の加工の様子

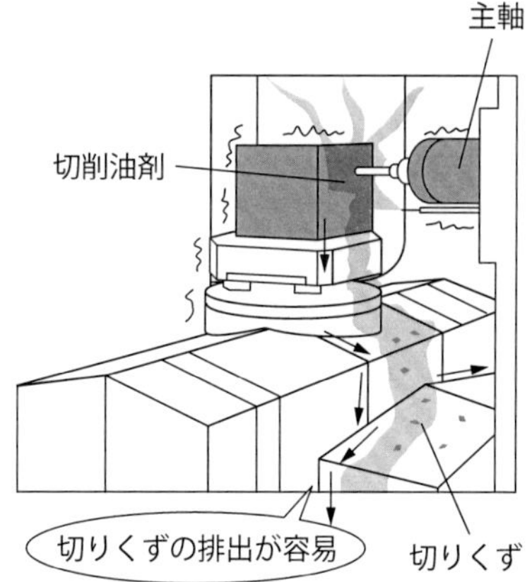

ペースが大きくなりやすいことも欠点といえます。

❹切削工具回転と工作物回転（連続切削と断続切削）

工作機械の運動は主軸の回転運動と主軸頭やテーブルなどの直線（曲線）運動に大別されます。そして、主軸に工作物を取り付け、工作物を回転させるものと、主軸に切削工具を取り付け、切削工具を回転させるものとに分類されます。たとえば、旋盤は主軸に工作物を取り付ける構造で工作物が回転し、ボール盤やフライス盤は主軸に切削工具を取り付ける構造で、切削工具が回転します。

旋盤でバイトを使用した加工では加工中、バイトの刃先は工作物と離れることはなく、常に工作物を削ります（接触しています）。このような切削を「連続切削」といいます。一方、フライス盤で正面フライスやエンドミルを使用した加工は1つの切れ刃に注目すると、1回転において切削しているときと切削していないとき（接触と非接触）が交互に発生します。このような切削を「断続切削」といいます。一般に、工作物回転の場合は連続切削、切削工具回転の場合は断続切削になりやすいです。ただし、ドリルによる穴加工のように切削工具回転でも刃先が工作物から離れない加工では連続切削になります。

要点 ノート

工作機械を見るときは、まず主軸が垂直か水平かを確認し、その利点と欠点を考えることが大切です。加工は切削工具の刃先に注目し、連続切削か断続切削かを確認することが大切です。

コラム

● 切りくずはなぜ熱くなる？ ●

金属加工で発生する切りくずは発生直後、高温（一般に600～800℃程度）になりますが、リンゴやダイコンの切りくずは熱くなりません。なぜでしょうか。これは16頁で解説したように、金属では切りくずの組織が変形し、その変形により熱が発生するためです。リンゴやダイコンの切りくずは組織が変形しないので熱くなりません。つまり、金属もリンゴやダイコンのように切りくずの組織を変形させずに削ることができれば熱は発生しないことになります。金属加工は熱との戦いとも言えますが、「いかに切りくずを変形させないで削るか、（リンゴやダイコンの皮をむくように金属を削るか、削る領域から切る領域に近づけられるか）」ということが解決策の1つといえそうです。

● 平坦化・平滑化加工の需要拡大 ●

近年では4Kや8K、16Kという言葉をよく聞きます。Kは1000を示す記号で、4Kは4000です。通常のデジタル放送の画像の解像度は「1920×1080」ですが、4Kの解像度は「3840×2160」になり、「約4000×約2000」なので略して4Kと呼んでいます。8K、16Kの原理も同じです。8Kや16Kは医療用カメラや防犯カメラへの適用が進んでいます。これらの技術は、高性能半導体とそれをつくる半導体製造装置の技術向上によるものであり、ラッピングとポリシングによる平坦化・平滑化は半導体製造に欠くことのできない加工技術です。

【第2章】

段取り
（切削工具、といし、治具、測定具、加工準備と工程、金属材料の種類）

1. 切削工具材質の種類と基本特性

❶切削工具の硬さ

機械加工は切削工具（切れ刃形状）が摩耗せず、その形状を工作物に転写するのが大原則なので、一般に切れ刃は工作物の3～4倍程度の硬さが必要です。切削工具と削る金属（材料）の硬さが同じであれば、切削工具は削る金属（材料）に負けてしまい、すぐに摩耗してしまいます。この原理から、鉄鋼やすり（約HRC65）で、超硬合金（約HRC換算80）を削ることができないこともわかります。

❷切削工具材種と基本特性

図2-1-1に、切削工具材種と基本的特性を示します。横軸が粘り強さ（じん性）、縦軸が硬さ（耐摩耗性）です。現在、機械加工（金属加工）で使用されている切削工具の材質はコーティング工具を含め10種類です。

切削工具の材質が具備すべき基本的特性は「硬さと粘り強さ」です。切削工具には金属に接触した際、瞬間的に大きな衝撃力が作用します。このとき、切削工具の刃先が欠けると使いものになりません。したがって、切削工具には「硬さ」と同時に大きな衝撃力に耐え得る「粘り強さ」が必要になります。何ごとも「粘り強さ」が大切です。しかし、「硬いものは欠けやすく、軟らかいものは欠けにくい」というのが世の中の決まりごとで、たとえば、ガラスは硬いですが欠けやすく、粘土は軟らかいですが欠けることはありません。

切削工具で使用されるもっとも硬い材質はダイヤモンドです。ダイヤモンドは世の中でもっとも硬い物質ですが、欠けやすいので使用には一定のノウハウが必要です。一方、切削工具で使用されるもっとも軟らかい材質は炭素工具鋼です。炭素工具鋼は切削工具の中でもっとも軟らかいですが、欠けにくいのが特徴です。炭素工具鋼はやすりに使用される材質です。切削工具材質の中で、「硬さ」と「粘り強さ」の両方をバランスよく持っているのが「超硬合金」です。このため、現在金属加工が行われる生産現場で使用されている切削工具材質の7～8割は超硬合金です。サーメットや高速度工具鋼は超硬合金に次いでよく使用される材質です。CBNはダイヤモンドの次に硬い材質で、近年、超硬合金に変わってよく使用されるようになってきました。

図 2-1-1 切削工具の種類と基本的特性

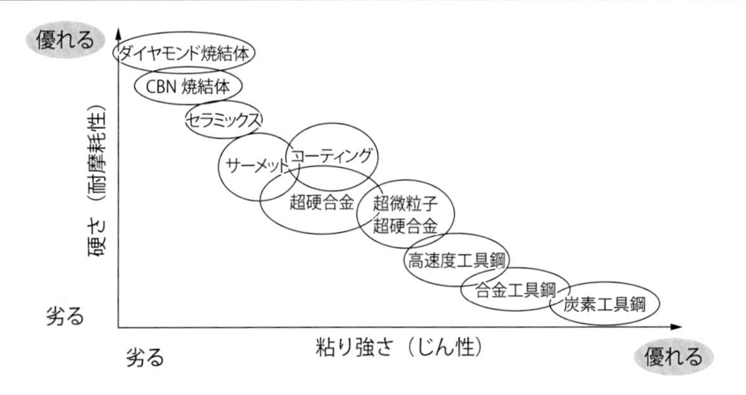

図 2-1-2 切削工具に求められる基本的な条件

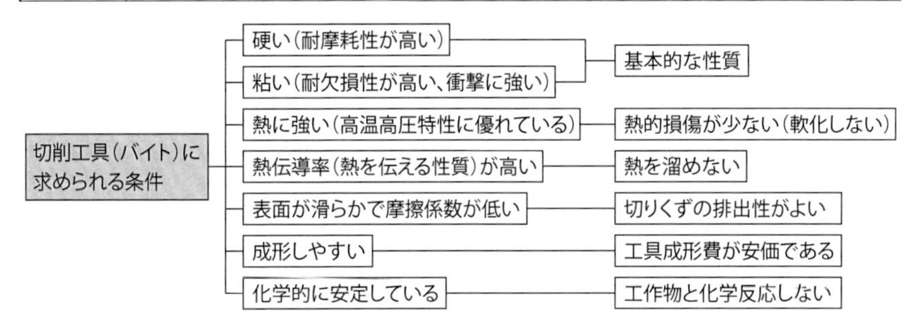

❸その他の基本特性

図2-1-2に、切削工具に求められる基本条件を示します。切削点（切れ刃と工作物の接触点）は加工する工作物にもよりますが800℃以上、2万気圧（1 cm^2あたり20トン）という高温高圧状態になっています。このため、熱に強い性質も必要です。熱に強いとは高温になっても硬さが低下しないということです。ダイヤモンドは熱伝導率（熱を伝える性質）が高く、熱を溜めない性質があります。このような性質も「熱に強い」といえます。さらに、化学的な安定性も重要です。切削工具と工作物は非常に高温高圧で接触しているため、化学反応を起こしやすい環境にあります。そのため、切削工具はいかなる状況でも化学的に安定であることが望まれます。

要点 ノート

切削工具が具備すべき基本的特性は「硬さと粘り強さ」です。硬さと粘り強さは相反する関係にあるため、刃先を観察し、摩耗の場合は硬さを優先し、欠損の場合は粘り強さを優先させます。

2. 切削工具材質の歴史と分類

❶切削速度と歴史的背景

図2-2-1に、切削工具材質の開発の歴史と切削速度、切削温度の関係を示します。横軸が西暦、左の縦軸が切削速度（m/min）、右の縦軸が切削温度（℃）です。現在機械加工で使用される切削工具の材質は10種類ありますが、図からわかるように、切削工具材質は1800年頃に登場した炭素工具鋼を皮切りに、合金工具鋼、高速度工具鋼、超硬合金が開発され、使用されてきました。

切削工具材質の開発は技術的観点では材料工学の進化によるものですが、開発背景には「切削速度」が大きく影響しています。切削速度は切削工具が工作物を削る取る瞬間の速さ（m/min）です。速さは単位からもわかるように「距離を時間で割ったもの」ですから、切削速度は1分間あたりの切削距離（加工できる切りくず長さ）と考えることができます。切削速度が高いほど1分間あたりの切削距離が長くなりますから、加工能率は向上し、早く所望の形状をつくることができます。ただし、機械加工では、切削速度の運動エネルギは工作物を削る際の熱エネルギに変換されるため、切削速度が高いほど切削熱（切削工具と工作物が接触する点に発生する熱）も高くなります。

機械加工は時代を追うごとに加工能率の向上が求められ、現在でもその要求は続いています。つまり、切削速度の向上は不変の要求といえます。このため切削工具では切削熱に耐え得る材質の開発が必要になり、時代とともに開発・進化してきました。現在ではCBNを使用し、切削速度1000 m/min以上の加工も実用化しています。切削速度と切削熱（切削温度）は密接な関係があります。図2-2-1は時代の経過とともに高能率加工の要求が激しくなり、これを可能にするために切削温度が上昇しても硬さが低下しない切れ刃の開発が行われてきた歴史を示しています。

❷熱処理工具と焼結工具

図2-2-2に、切削工具材種と分類を示します。切削工具材質はコーティングを含めて10種類ですが、大別すると「熱処理工具と焼結工具」に分類できます。炭素工具鋼、合金工具鋼、高速度工具鋼の3つは熱処理工具、超硬合金、サーメット、CBN焼結体、ダイヤモンド焼結体は焼結工具です。鉄鋼材料を

図 2-2-1 切れ刃材質の開発の歴史と切削速度の関係

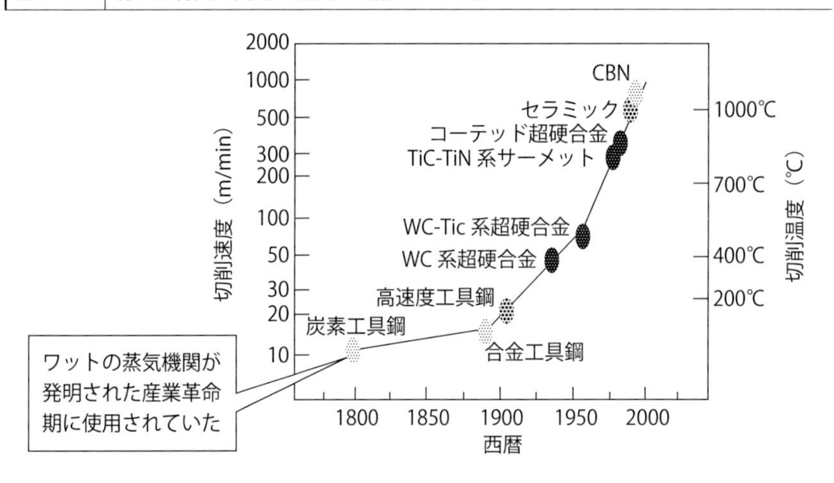

図 2-2-2 熱処理工具と焼結工具

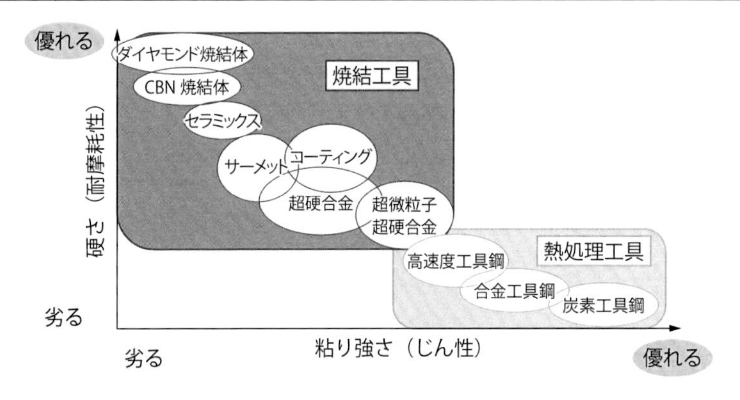

加熱後、冷却することを「熱処理」といい、熱処理には硬さを付与する「焼入れ」、粘り強さを付与する「焼き戻し」などがあります。熱処理工具は熱処理を行うことによって、切削工具としての硬さと粘り強さを付与した切削工具です。一方、粉末を混ぜ合わせたもの(金属粉末やセラミックス粉末)を金型に入れ、融点よりも低い温度まで加熱して圧縮成形することを「焼結」といい、焼結工具はこの製法でつくられた切削工具です。

要点 ノート

加工能率向上は機械加工の不変の要求です。切削速度と切削熱は切り離して考えることができないため、加工能率を高めるには切削熱に耐えるのか、切削熱を除去するのか、どちらかの方策が必要です。

3. 切削工具材質（その1）炭素工具鋼、合金工具鋼、高速度工具鋼

❶炭素工具鋼

図2-3-1に、炭素（C）含有量を基準とした「機械構造用炭素鋼」と「炭素工具鋼」の関係を示します。一般に鉄鋼材料として使用される「機械構造用炭素鋼」に炭素を多めに添加したものが「炭素工具鋼」です。機械構造用炭素鋼の炭素含有量は0.1～0.61％、炭素工具鋼の炭素含有量は0.55～1.50％です。炭素工具鋼の材料記号は「SK」で、SはSteel（鋼）、KはKogu（工具）の頭文字です。**図2-3-2**に、各種切削工具材質の温度と硬さの関係を示します。炭素工具鋼は200℃を越えると急激に硬さが低下することがわかります。したがって、炭素工具鋼は切削点温度が高くなる条件では使用することができません。

❷合金工具鋼

合金工具鋼は炭素工具鋼の耐熱性、耐衝撃性、熱処理性を向上させることを目的として、炭素工具鋼にクロム（Cr）、タングステン（W）、モリブデン（Mo）、バナジウム（V）、ニッケル（Ni）などの合金元素を1種類または2種類以上含有した鋼です。**表2-3-1**に、代表的な合金元素と働きを示します。図2-3-2からわかるように、合金工具鋼も200℃を超えると急激に硬さが低下します。このため切削点温度が高くなる条件では使用することができません。現在は、やすりやカミソリの刃など、切削点温度が高くならない環境で使用する刃として使用されています。

❸高速度工具鋼（ハイス）

図2-3-2に示すように、常温時の高速度工具鋼の硬さは炭素工具鋼や合金工具鋼とほとんど同じです。しかし、炭素工具鋼や合金工具鋼は約200℃で硬さが低下しますが、高速度工具鋼は約600℃まで硬さが低下しません。51頁の図2-2-1を見ると、高速度工具鋼は1900年前半に開発され、従来使用されていた炭素工具鋼や合金工具鋼よりも切削速度を高くできました。鋼材を切削する場合、高速度工具鋼は炭素工具鋼や合金工具鋼に比べ切削速度が2倍以上高くでき、大きな反響を呼んだため、開発当初「高速に削れる切削工具」という意味を込めて「高速度工具鋼」と名付けられました。しかし、時代の進化とともに超硬合金やサーメットが開発され、現在となっては「切削速度が高い」とはい

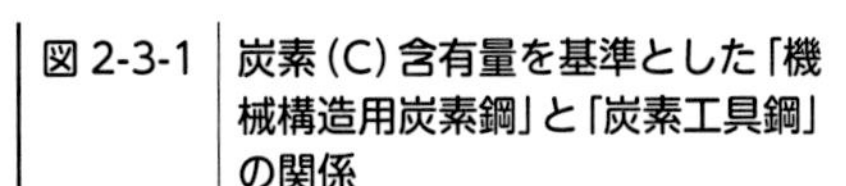

図 2-3-1　炭素(C)含有量を基準とした「機械構造用炭素鋼」と「炭素工具鋼」の関係

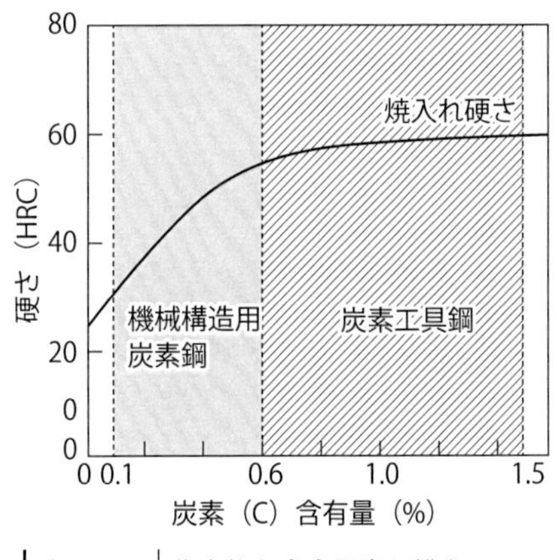

図 2-3-2　各種材料の温度と硬さの関係

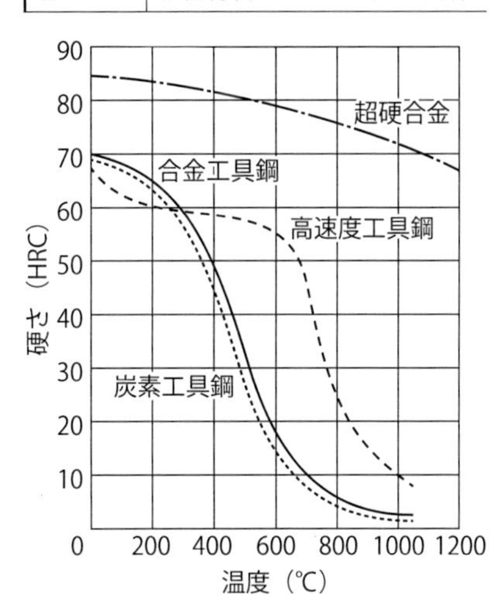

表 2-3-1　代表的な合金元素と働き

クロム(Cr)	耐摩耗性、耐食性を増加させる。浸炭を促進し焼入れ性がよくなる。
タングステン(W)	硬い炭化物を形成する。Moと同じ働きがあり、Mo1%とW2%がほぼ同じ効果がある。
モリブデン(Mo)	焼入れ性をよくするもっとも優れた元素、高温時の結晶粒の粗大化を防ぎ、高温引張り強さが上昇する。Cr、Mn、Wなどと一緒に添加するとさらに効果が増す。
バナジウム(V)	結晶粒を細かくし、粘り強さが増加する。硬い炭化物を形成するため耐摩耗性が向上する。
ニッケル(Ni)	低温における耐衝撃性(粘り強さ)を増加させる。耐食性を向上させる。熱処理に有利だが、コストが高いためCr、Moにその座を譲る。

えません。高速度工具鋼は英訳すると、high speed tool steelとなるため、ISOでは頭文字を取って「HSS」と表記されます。また、この英訳を引用して高速度工具鋼は「ハイス」といわれます。一方、JISではSteel、Kougu、High-speedの頭文字を取って「SKH」と表記されます。ISOとJISでは材料表記が異なります。高速度工具鋼は「硬さ」よりも「粘り強さ（耐衝撃性）」が必要とされるドリルやタップに多用されています。ただし、切削点温度が600℃を越えると硬さが急激に低下するので、600℃を越えないように切削条件を設定する必要があります。切削点温度は切りくずの色から推定できます。

要点　ノート

熱処理工具は温度依存性が高く、温度が高くなると硬さが低下します。とくに高速工具鋼製のドリルは切削点温度が高くなりやすいので注意が必要です。

4. 切削工具材質（その2）超硬合金

❶超硬合金の主成分

超硬合金は天然に存在しない人工の金属で、ダイヤモンドよりは軟らかいものの、サファイアと同等の硬さを持ちます。超硬合金は身近なところにも使用されており、ボールペンの先端に付いているボールの多くは超硬合金です。超硬合金の主成分はタングステンと炭素の化合物である「炭化タングステン（WC）」です。炭化タングステンの粉末と結合剤の働きをするコバルト（Co）やニッケル（Ni）の粉末を混合して、1300～1500℃の高温で焼き固められたものが超硬合金です。

❷大分類と使用分類

表2-4-1に、日本産業規格（JIS B 4053）に記載されている切削工具用超硬合金の分類を示します。切削工具用超硬合金は削る工作物の材質によって、種類を使い分けるよう指針が示されています。識別記号P、M、K、N、S、Hの6つに分類されており、この分類を「大分類」といいます。識別記号Pは鉄鋼材料、Mはステンレス、Kは鋳鉄、Nはアルミニウム、Sはチタンおよび耐熱合金、Hは高硬度材料を削るときに使用します。

使用分類は識別記号（アルファベット）に続く2桁の数値で表し、超硬合金の主成分である炭化タングステンと、結合剤であるコバルト、ニッケルの含有比率を示しています。値が小さいほど炭化タングステンの割合が増え、結合剤の割合が減ります。一方、値が大きいほど炭化タングステンの割合が減り、結合剤の割合が増えます。簡単にいうと、値が小さいほど硬さが向上し、粘り強さは低下します。反対に、値が大きいほど硬さが低下し、粘り強さは向上します。このことを理解した上で使用分類を見ると、大分類の識別記号に続く2桁の数値が小さいほど耐摩耗性が上向きを示し、じん性（粘り強さ）は下向きを示している意味がわかると思います。

旋盤加工は工作物が回転するため、バイト（チップ）は常に工作物に接触する「連続切削」であるのに対し、フライス加工は切削工具が回転するため、切削工具（チップ）は工作物と接触・非接触を交互に繰り返す「断続切削」になります。すなわち、旋盤加工で使用する切削工具は粘り強さよりも硬さ（耐摩

表 2-4-1　日本産業規格（JIS B 4053）による切削工具用超硬合金の分類

大分類			使用分類		
識別番号	識別色	工作物材質	使用分類番号	切削条件：高速 工具材料：高耐摩耗性	切削条件：高送り 工具材料：高じん性
P	青色	鋼：鋼、鋳鋼（オーステナイト系ステンレスを除く）	P01、P05、P10、P15、P20、P25、P30、P35、P40、P45、P50	←	→
M	黄色	ステンレス鋼：オーステナイト系、オーステナイト／フェライト系、ステンレス鋳鋼	M01、M05、M10、M15、M20、M25、M30、M35、M40	←	→
K	赤色	鋳鉄：ねずみ鋳鉄、球状黒鉛鋳鉄、可鍛鋳鉄	K01、K05、K10、K15、K20、K25、K30、K35、K40	←	→
N	緑色	非鉄金属：アルミニウム、その他の非鉄金属、非金属材料	N01、N05、N10、N15、N20、N25、N30	←	→
S	茶色	耐熱合金・チタン：鉄、ニッケル、コバルト基耐熱合金、チタンおよびチタン合金	S01、S05、S10、S15、S20、S25、S30	←	→
H	灰色	高硬度材料：高硬度鋼、高硬度鋳鉄、チルド鋳鉄	H01、H05、H10、H15、H20、H25、H30	←	→

使用分類の矢印の方向になるほど、切削条件については高速または高送り、工具材料については高耐摩耗性または高じん性となることを示す。

（JIS B 4053：2013）

耗性）が必要である一方、フライス加工で使用する切削工具は硬さよりも粘り強さ（耐衝撃性）が必要になります。まとめると、旋盤加工では使用分類の数値の小さいものを選択し、フライス加工では数値の大きいものを選択するのが基本方針となります。「削る工作物の材質」によって識別記号（アルファベット）を、「削り方（連続切削か断続切削か）」によって使用分類（2桁の数値）を選択するというのが正しい選択方法です。

要点 ノート

「削る工作物の材質」によって大分類（識別記号）を選択し、「削り方（連続切削か断続切削か）」によって使用分類を選択します。

5. 切削工具材質（その3）超微粒子超硬合金とサーメット

❶超微粒子超硬合金

超硬合金は炭化タングステン（WC）とコバルト（Co）との合金で、硬質成分が炭化タングステン、結合剤（バインダー）がコバルトです。通常、コバルトの含有量は約5〜25%です。日本産業規格（JIS）では「炭化タングステンの平均粒子径が1 μm以下のものを超微粒子超硬合金」と規定しています。一般の超硬合金の炭化タングステン粒子は約2.5〜1.5 μmですが、超微粒子超硬合金の炭化タングステン粒子は通常約0.7〜0.5 μmです。**図2-5-1**に、超微粒子超硬合金のイメージ図を示します。

切削工具に求められる「硬さ」と「粘り強さ」を両立させたのが、超微粒子超硬合金です（**図2-5-2**）。炭化タングステンの粒子を小さくすると単位体積当たりの表面積が増えるため、結合剤であるコバルトとの接触面積が増えます。つまり、炭化タングステンと結合剤との密着度が高まり、粘り強さが向上するのです。

超微粒子超硬合金は一般の超硬合金に比べ、粘り強さが高いことが利点です。このため、超微粒子超硬合金は、断続切削になるフライス加工や折損しやすい細い切削工具（ドリルなど）に有効です。近年では、炭化タングステン粒子が0.5 μm以下の「超々微粒子超硬合金」も販売されています。ただし、粒子が小さく結合剤との接触面積が増えると粒子に対する結合剤の影響が大きくなるため、切削温度が高くなると結合剤が軟化し、切削工具の寿命が短くなる傾向があります。

❷サーメット

サーメットの主成分（硬質成分）は炭化チタン（TiC）、窒化チタン（TiN）、炭化タンタル（TaC）、窒化タンタル（TaN）です。これらの粉末とコバルト（Co）、クロム（Cr）、ニッケル（Ni）などの金属粉末を混ぜ合わせて焼き固めたものがサーメットです（**図2-5-3**）。

サーメットの最大の特徴は超硬合金の主成分であるタングステンをほとんど含有していないことです。タングステンは鉄との親和性が高く、合金化しやすい性質を持つため、超硬合金で鉄鋼材料を切削すると工作物の一部が切削熱に

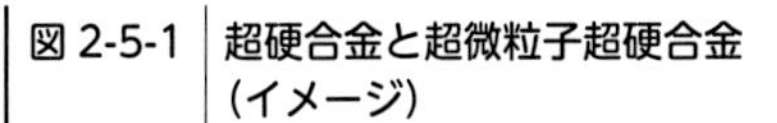
図 2-5-1 超硬合金と超微粒子超硬合金(イメージ)

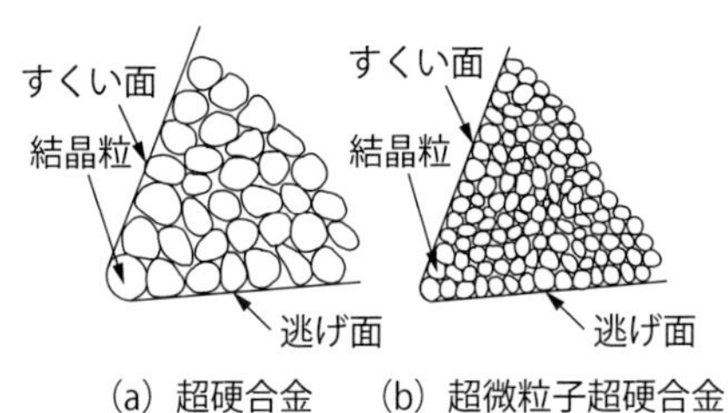

図 2-5-2 超硬合金と超微粒子超硬合金の硬さと曲げ強さ(イメージ)

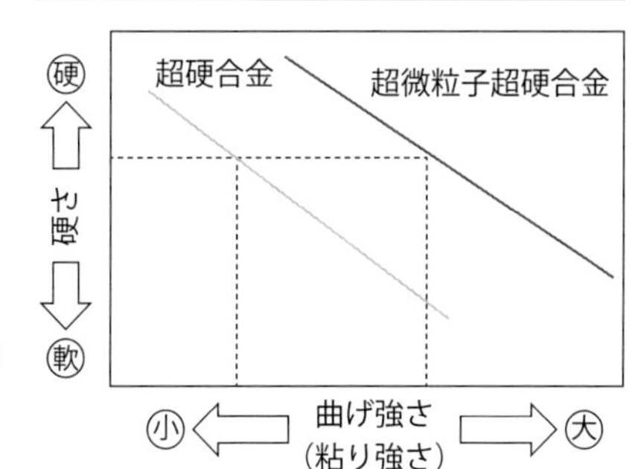

図 2-5-3 サーメットの組成構造(イメージ)

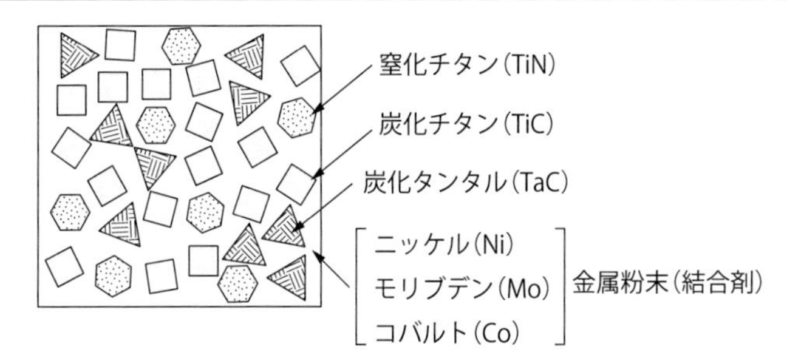

より溶解し、切削工具の刃先に付着します。この現象を「溶着」といいます。一方、サーメットの主成分であるチタンとタンタルは鉄との親和性が低いため、鉄鋼材料を切削した場合でも溶着が生じにくいのです。ただし、チタンとタンタルは熱伝導率が低く切削熱が刃先に溜まりやすいため、とくに水溶性切削油剤を使用した断続切削では急加熱と急冷却を繰り返すことになり、熱き裂(サーマルクラック)が生じやすいです。

鉄鋼材料を削るときは、荒加工ではじん性が高く欠けにくい超硬合金、中仕上げ・仕上げ加工では溶着が発生しにくいサーメットを使用するのが基本的な選択指針です。

一口メモ

近年、インコネルやステンレス鋼を削れるサーメットも開発されています。

要点 ノート

鉄鋼材料を削るときは、荒加工では超硬合金、中仕上げ・仕上げ加工ではサーメットを使用するのが基本的な選択指針です。

6. 切削工具材質（その4）コーティング、セラミックス

❶コーティング

コーティング工具は名前の通り、高速度工具鋼、超硬合金、サーメットなどを母材として、母材の表面を薄膜で覆った切削工具です。コーティングによって、硬さ（耐摩耗性）、粘り強さ（耐衝撃性）、低摩擦性、非溶着性、耐熱性などの特性を得ることができます。膜厚は一般に1～5 μm程度です。

表2-6-1に、コーティング材種と特性の一例を示します。代表的なコーティング材種はダイヤモンドライクカーボン（DLC）、窒化チタン（TiN）、窒化チタンカーバイト（TiCN）、窒化チタンアルミニウム（TiAlN）、炭化チタン（TiC）、窒化クロム（CrN）、酸化アルミニウム（Al_2O_3）などです。窒化チタンと炭化チタンはサーメットの主成分で、コーティング膜としても使用されています。

ダイヤモンドライクカーボン（DLC）は低摩擦性と非凝着性、窒化チタンカーバイトは耐摩耗性、窒化チタンアルミニウムは耐熱性、炭化チタンは耐摩耗性、窒化クロムは非凝着性と耐熱性に優れています。

コーティングには1種の材質をコーティングした「単層膜」と2種以上の材質をコーティングした「多層膜」があります。一般に単層膜に比べ多層膜の方が優れています。

コーティングの成膜方法には化学反応によって被膜を形成する「CVD法（Chemical Vapor Deposition）」と金属のイオンを表面にぶつけて皮膜を形成する「PVD法（Physical Vapor Deposition）」があります。現在は膜厚が薄く、母材に熱的ダメージが少ないPVDが主流です。

❷セラミックス

セラミックスの最大の利点は①高温時でも硬さが低下しにくいこと、②金属との親和性が低いこと、③熱膨張率が低いことの3つです。切削工具で工作物を削り取るとき、切削点（切削工具の刃先と工作物の接触点）の温度は約800～1000 ℃に達します。このため、金属加工では切削点を冷やすことを目的に切削油剤（水と油を混合した液体）を供給するのが一般的ですが、セラミックスでは1000 ℃近くでも硬さが低下しにくいので、切削油剤の供給をしないで

表 2-6-1 コーティング材種と特性(一例)

膜種	被膜色	硬さ (Hv)	摩擦係数	酸化開始温度(℃)	表面粗さ Ra	膜厚 (μm)	成膜温度 (℃)
SiC含有	黒灰色	3500	0.3	1300	0.10～0.20	5～1	600
Cr系	黒灰色	3100	0.25	1100	0.10～0.25	5～1	500
Cr, Si系	干渉色	3200	0.3	1100	0.10～0.25	5～3	500
Cr系多層	干渉色	3300	0.3	1100	0.10～0.25	5～3	500
TiAlN系多層	黒紫色	2800	0.3	850	0.15～0.30	3	600
TiAlN	黒紫色	2800	0.3	800	0.05～0.30	3～1	500
Ti系	銀色	2800	0.25	700	0.05～0.15	2	500
TiCN	青灰色	2700	0.3	400	0.10～0.20	3	500
TiN	金色	2000	0.4	500	0.15～0.30	3	500
CrN	銀色	1800	0.25	700	0.10～0.20	3	500

連続して加工を継続することができます。切削点が真っ赤になってもまったく平気で、インコネルやチタン合金など航空機部品をつくる生産現場で積極的に使われるようになってきました。一方、じん性が低く、欠けやすいのが欠点ですので、金属の軟化温度領域での加工が適しています。

切削工具として使用されているセラミックスはアルミナ系と窒化けい素系の2種類です。アルミナ系は「酸化アルミニウムを主成分とするもの」、「酸化アルミニウムに炭化チタンを含有したもの」があります。それぞれ外観色に基づき、前者は「白セラ」、後者は「黒セラ」と呼ばれます。黒セラは白セラに比べて粘り強く、欠けにくいのが特徴です。近年では、「酸化アルミニウムに炭化けい素(SiC)ウィスカを含有したもの」が市販されています。ウィスカは針状、繊維状の結晶で含有させることにより耐熱衝撃性が向上します。

窒化けい素系は「窒化けい素を主成分とするもの」と「窒化けい素にアルミナを混ぜたサイアロン」があります。「窒化けい素を主成分とするもの」は1000℃程度でも粘り強さが低下せず、境界摩耗性、耐欠損性に優れており乾式におけるフライス加工に適しています。サイアロンは窒化けい素系の粘り強さとアルミナ系の耐化学摩耗性を有するので耐熱合金の切削に適しています。

要点 ノート

コーティングを使用するときは成膜方法を確認し、得失を理解することが大切です。セラミックス工具は金属の軟化温度領域で切削することができる。

7. 切削工具材質（その5）CBN、ダイヤモンド

❶CBN（立方晶窒化ホウ素）

図2-7-1に、CBNチップを示します。CBNはCubic Boron Nitride（キュービック・ボロン・ナイトライド）の頭文字を表し、結晶構造が立方晶でホウ素（Boron）と窒素（Nitride）が共有結合したものです。CBNは人工物で、天然には存在しません。CBNの特徴は大気中では1400℃程度まで熱的な影響を受けず安定し、炭素との親和性がない（化学的に炭素と反応しない）ことです。このため、CBNは炭素を含む鉄鋼材料の切削に適しています。

研削加工で用いられる超砥粒ホイールではCBNの粒子がそのまま使用されますが、バイトやエンドミルなどの切削工具で使用されるものはCBNの粉末を結合剤で固めた焼結体です。このため焼結体を表すpolycrystalline（ポリクリスタリン）を頭につけてPCBN（Polycrystalline Cubic Boron Nitride）と表記される場合があります。

CBN焼結体は主として「コバルトを焼結助剤（結合剤）としてCBN粉末の含有量が80〜90%と比較的多いもの」と「TiN（窒化チタン）やTiC（炭化チタン）を結合助剤としてCBN粉末の含有量が40〜70%と比較的少ないもの」の2種類に大別されます。前者は鋳鉄や耐熱合金、焼結合金などの切削に適し、後者は焼入鋼の切削に適しています。現在では結合剤を含まないバインダレスCBN焼結体も開発されており、高温下でも結合剤の影響を受けないため、耐熱合金などの切削に使用されています。

❷ダイヤモンド

切削工具用ダイヤモンドは「1つの結晶の塊でできた単結晶ダイヤモンド」と「小さなダイヤモンドが結合してできた多結晶ダイヤモンド」に分類されます。**図2-7-2**のとおり、単結晶ダイヤモンドは結晶の向きにより硬い部分とそれほど硬くない部分があり、劈開（へきかい）する（一定の方向に割れやすい）特性を持つため、結晶の向きに沿って割れた面を使用することで鋭利な刃先を得られます。反面、作用する力の向きによっては硬さが不安定になることが欠点です。一方、多結晶ダイヤモンドは小さな結晶の集合体ですので、単結晶ダイヤモンドと同様の鋭利な刃先は得られませんが、どのような方向からの力にも強く、

図 2-7-1 CBN チップ

図 2-7-2 各種材料の曲げ強さとの関係

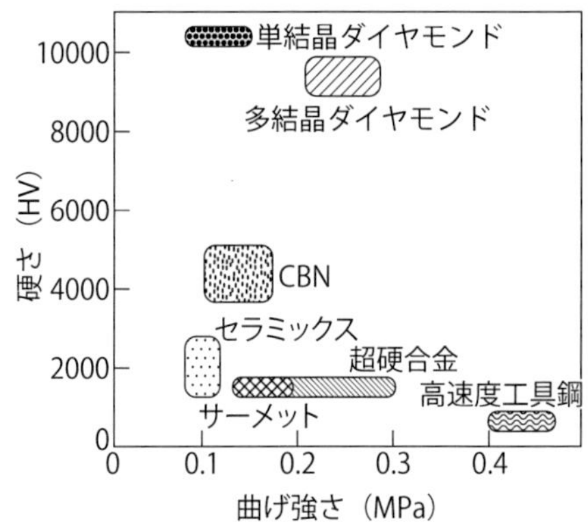

表 2-7-1 CBN とダイヤモンドの特性の違い

条件＼材質		CBN	ダイヤモンド
熱的安定性	大気中	1300℃まで安定	800℃より炭化
	真空または不活性雰囲気	1500℃まで安定	1400℃まで安定
金属との反応性		Fe, Ni, Coとは1350℃まで反応しない	Fe, Ni, Coと共存すると600℃で黒鉛化開始

劈開しにくいことが利点です。多結晶ダイヤモンドもCBNと同様に「焼結体」を表すpolycrystalline（ポリクリスタリン）を頭につけてPCD（Poly Crystalline Diamond）と表記される場合があります。

現在、数10nm（ナノメートル）の微細なダイヤモンド粒子を緻密で強固に結合させた「結合剤をつかわない（バインダレス）多結晶ダイヤモンド」も市販されています。これまでの「多結晶ダイヤモンド焼結体（単結晶のダイヤモンド粉末を結合剤で焼き固めたもの)」は結合剤の影響で、硬さや耐熱性が単結晶ダイヤモンドに劣るものでしたが、近年実用化されたバインダレス多結晶ダイヤモンドは微細なダイヤモンド粒子同士が複雑に隙間なく強固に絡み合って（結合して）います。そのため、単結晶ダイヤモンドのような劈開の問題もなく、単結晶ダイヤモンドよりも硬いのが特徴です。

CBNとダイヤモンドの特性を**表2-7-1**に示します。

要点 ノート

結合剤を使用しないバインダレスCBN、バインダレス多結晶ダイヤモンドは次世代切削工具として注目されています。

8. 切削工具の種類（その1）ドリル、バイト

❶ドリル

ドリルは穴をあけるときに使用する切削工具です。標準的なドリルの先端角は118°ですが、近年では用途に合わせて色々な先端角のドリルが市販されています。先端角が小さいほどドリル先端が尖るため工作物に食い込みやすくなり、大きいほどドリル先端が鈍くなるため工作物に食い込みにくくなります。アルミニウム合金など比較的軟らかい工作物に穴あけを行う場合には、食い込みやすさを優先して先端角が118°よりも小さめなものを、鉄鋼材料やステンレス鋼など比較的硬い工作物に穴あけを行う場合には、チゼルエッジの強度を高くするため先端角が130〜140°と大きめなものを選択するとよいでしょう（**図2-8-1**）。超硬合金ソリッドドリルは粘り強さが低く欠けやすいため切れ刃の強度を優先し、先端角が130〜140°のものが多くなっています。

ドリルを選択する場合、全長よりも溝長が重要になります。必要以上に溝長が長すぎるとドリルの剛性が低くなりたわみやすくなるため、加工精度が悪くなり工具寿命も安定しません。「大は小を兼ねる」いうことわざがありますが、ドリルをはじめとする切削工具は「長は短を兼ねません」。ドリル（切削工具）は「太く短く」が鉄則です。

❷バイト

バイトは旋盤で使用する切削工具の総称です。**図2-8-2**に、バイトの各部の名称を示します。バイトの構造は「材料を削り取る刃部」と「刃部を固定する柄の部分」の2つに大別されます。刃部を「チップ」、柄の部分を「シャンク」といいます。

図2-8-3に、チップの各部の名称を示します。チップの切りくずが流れ出る面を「すくい面」、すくい面と垂直方向に位置する面を「逃げ面」、すくい面と逃げ面が交わる角部を「切れ刃」といいます。水平方向とすくい面のなす角を「すくい角」といい、垂直方向と逃げ面がなす角を「逃げ角」といいます。すくい角は切れ刃が材料に食い込む角度で、すくい角が大きいほど切れ刃は材料に食い込みやすくなります。逃げ角は逃げ面が工作物（仕上げ面）と接触しないように付けるための角度で、切れ味などには影響せず、一般に5°〜10°程度

図 2-8-1 先端角の違うドリル

図 2-8-2 バイトの各部の名称

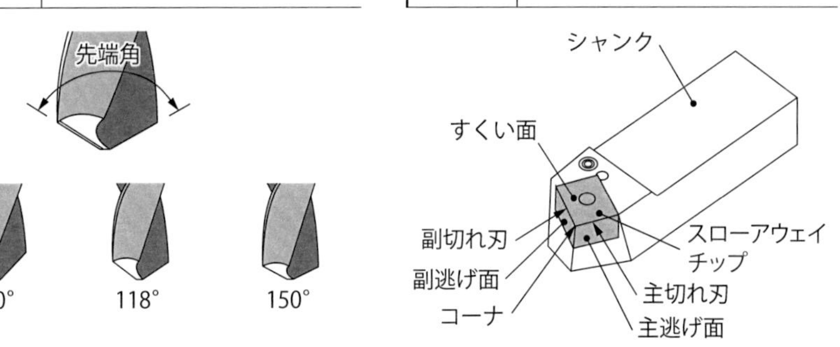

図 2-8-3 チップの各部の名称

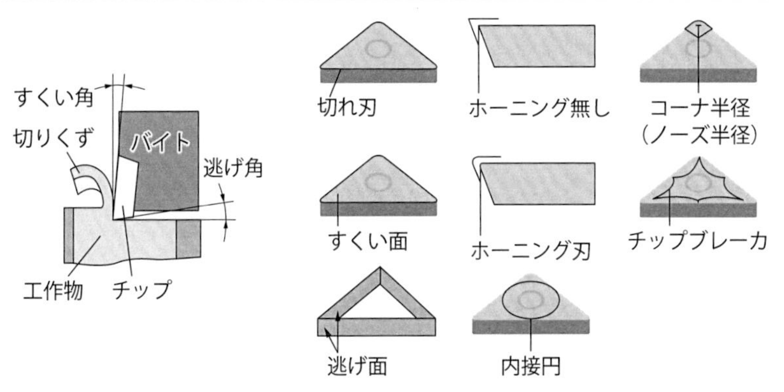

です。逃げ角が0°では逃げ面が工作物（仕上げ面）と接触するため、摩擦が生じ、良好な切削を行うことができません。

バイトの切れ味と寿命に大きく影響するのが「切れ刃（すくい面と逃げ面の境界エッジ）」の鋭さです。切れ刃が鋭い場合は、材料に食い込みやすく切削抵抗は小さくなりますが、尖っているため欠けやすくなります。一方、切れ刃が丸みを帯びている場合は、工作物に食い込みにくく切削抵抗はやや大きくなりますが、尖っていないので欠けにくくなります。切れ刃の強度を高めることを目的として切れ刃に丸みを施すことを「ホーニング」、丸みの付いた切れ刃を「ホーニング刃」といいます。

要点 ノート

切削工具は「長は短を兼ねない」。切削工具は突き出し長さが長くなるほど剛性が低くなり、たわむため、加工精度や工具寿命が安定しません。切削工具は太く、短くが鉄則です。

9. 切削工具の種類（その2）正面フライス

❶正面フライス

正面フライスはフェイスミル（Face mill）ともいい、フライス盤で広い平面を削りたいときに使用する切削工具です。正面フライスは広い平面を効率よく削るためボデーの外径が大きく、円周上に多数の刃を等間隔に付けた構造をしています。たとえば円周上に6枚の刃を取り付けた正面フライスでは、1刃が工作物を削る量を1とした場合、1回転すると削る量は6になります。つまり、ボデーの外径が大きいほど、また刃数が増えるほど加工能率が高くなります。ただし、ボデーの外径が大きくなると重くなるため、フライス盤のパワーも大きい必要があります。工作機械の大きさに適合したサイズの切削工具を選択することが大切です。

❷使用上の注意点

その1…正面フライスは刃数が増えるほど1回転あたりに工作物を削る量が増えるので、加工能率が高くなります。しかし、刃数が増えると管理が難しくなります。具体的には**図2-9-1**に示すように、ボデーから突き出す刃の高さです。各刃の突き出し高さが揃っていないと加工後の表面は平滑になりません。正面フライス加工で平滑な平面に削るためには、刃が突き出す高さを揃えることが大切です。

その2…図2-9-2に示すように、正面フライスは回転工具のため、工作物を削っている刃と削っていない刃が存在します。工作物を削っている刃の数を「同時切削刃数」といい、同時切削刃数は常に同じ数になるよう、正面フライスと工作物の位置関係を決めることも大切です。

その3…図2-9-3に示すように、主軸側から正面フライスを見たとき、刃が工作物に食い込む角度を「エンゲージ角」といいます。エンゲージ角が大きい場合には、刃が工作物を削りはじめる厚さが薄くなり、刃が工作物に食い込みにくく、材料の表面を滑る「上滑り」が生じやすくなります。上滑りが生じると摩擦熱が発生し、刃が異常摩耗する原因になります。一方、エンゲージ角が小さい場合には、刃が工作物を削りはじめる厚さが厚くなり、刃がしっかりと工作物に食い込むので、上滑りは発生せず良好な切削になり、刃が異常摩耗することはありません。

図 2-9-1 チップの取り付けと突き出し高さの確認

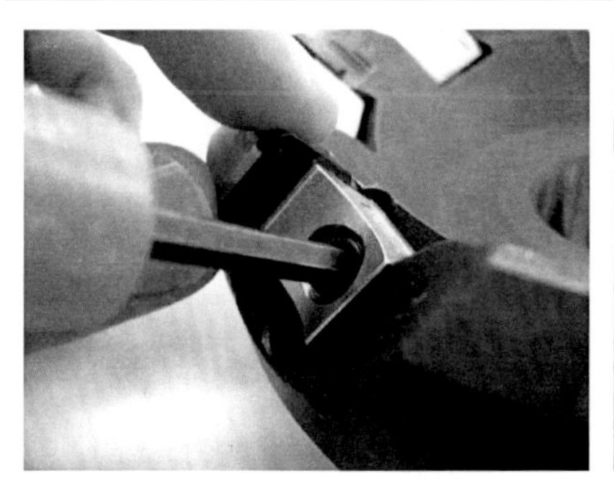

図 2-9-2 同時切削刃数による切削抵抗の変動のイメージ

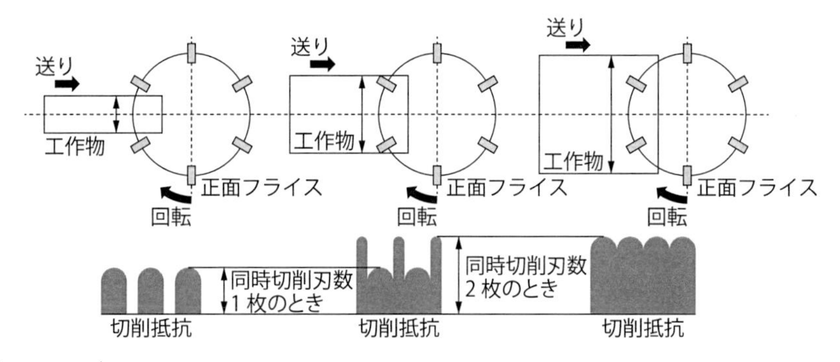

図 2-9-3 エンゲージ角の違いによる切取り厚さの違い

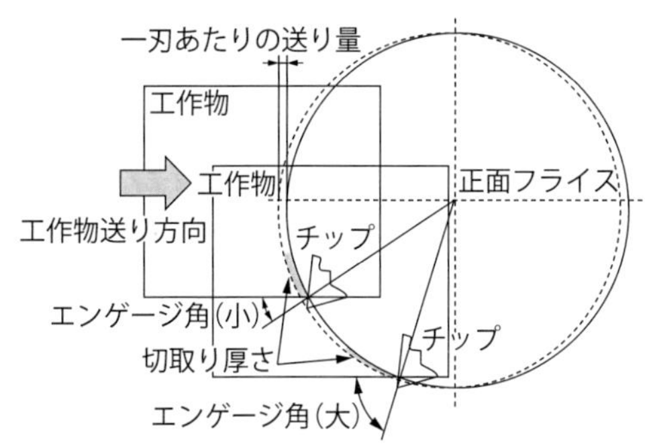

1. エンゲージ角が小さいと切取り厚さが厚い
2. エンゲージ角が大きいと切取り厚さが薄い

要点 ノート

正面フライス加工では、刃の突き出し高さ、同時切削刃数、エンゲージ角に留意することが大切です。

10. 切削工具の種類（その3） エンドミル

❶エンドミル

図2-10-1に、エンドミル加工の様子を示します。エンドミル（end mill）はフライス盤で溝や側面、凸凹を削りたいときに使用する切削工具の総称です。エンドミルは側面加工、溝加工、穴加工など1本で多様な形状を加工できる万能切削工具です。

❷構造

エンドミルはボデーと刃部が一つの材料から削り出してつくられたソリッド（固体）タイプのものが多用されていますが、近年では、刃先交換式のエンドミルも普及してきました。ソリッドタイプは刃が摩耗した場合、再研削を行う必要がありますが、刃先交換式のエンドミルはチップを交換するだけで済むので便利です。また、工作物材質や加工目的に合わせてチップを交換できるので汎用性が高いことが利点です。

❸刃数

エンドミルの刃数は通常1枚から8枚程度です。刃数が少ないほど刃と刃の間隔が大きくなり、切りくずの排出能力はよくなりますが、芯は細くなり、曲がりやすくなります。一方、刃数が多いほど芯は太くなり、曲がりにくくなりますが、刃と刃の間隔が小さくなるため切りくずの排出能力は悪くなります（図2-10-2）。寸法精度を気にせず、大きな切りくずが排出される荒加工では刃数の少ないエンドミルを、寸法精度を重視し、小さな切りくずが排出される仕上げ加工では刃数の多いエンドミルを選択するのが一つの指針といえます。

❹底刃の形状

一般的なエンドミルは外周刃と底刃が直角になっている（スクエアエンドミルと呼ばれる）のに対し、底刃の形状が球状になった「ボールエンドミル」や底刃の角が丸くなった「ラジアスエンドミル」があります（図2-10-3）。ボールエンドミルおよびラジアスエンドミルは曲面の加工ができるため、主として金型の加工に使用されます。ラジアスエンドミルは形削り加工でも使用され、底刃が直角になったスクエアエンドミルよりも工具寿命が長くなります。

図2-10-1 エンドミル加工の様子
（オーエスジー株式会社）

図2-10-2 刃数と剛性・チップポケットの関係

大 チップポケット 小
チップポケット
二枚刃：25%　50%　25%
三枚刃：15%　55%　15%　15%
四枚刃：10%　60%　10%　10%　10%
六枚刃：6%　64%　6%　6%　6%　6%　6%
小 剛性（たわみ難さ） 大

図2-10-3 底刃の形状が異なるエンドミル

(a) スクエアエンドミル

(b) ボールエンドミル

(c) ラジアスエンドミル

❺外周刃の種類

外周刃が波形になったものを「荒削り（ラフィング）エンドミル」、「ニック」と呼ばれる溝を付けたものを「中仕上げ（ニック付き）エンドミル」といいます。両者ともストレート刃のエンドミルに比べて切りくず排出能力に優れるため、送り量と切込み深さを大きくできますが、側面の仕上げ面性状は粗くなります。ボールエンドミルで平面加工や傾斜加工を行うと、仕上げ面性状はエンドミルの底刃形状を転写した模様になり、底刃の干渉による凹凸が残ります。ボールエンドミルの中心は回転速度（切削速度）がゼロになり、仕上げ面がきれいになりませんので、工作物を30°程度傾斜させて削るときれいな仕上げ面を得ることができます。

❻センタカット刃

底刃がエンドミルの中心まである「センタカット刃」と中心までない「センタ穴付き刃」があります。センタカット刃は穴あけ加工（軸方向の送り）を行うことができますが、センタ穴付き刃は穴あけ加工はできません。

要点 ノート

エンドミルは多くの種類があります。利点と欠点をしっかりと理解し、使い分けることが大切です。種類が多いことは選択が難しいということです。

11. 旋削工具と転削工具（単刃と多刃）

❶旋削工具の特徴

旋削工具（バイト）の特徴はボデーに1枚の刃を有することです。旋盤加工は工作物が回転し、バイトが直線・曲線運動（非回転運動）することによって工作物の不要な個所を削り取る加工法です。このため、工作物表面に凹凸がない場合、バイトの刃先は常に回転する工作物と接触していることになります。このような切削を連続切削といいます。連続切削では摩耗が激しく、摩擦熱も高くなります。したがって、バイト（チップ）には連続的な接触に耐え得る耐摩耗性と高温でも硬さが低下しない高温硬さが求められます。**図2-11-1**に、旋削工具による加工例を示します。

❷転削工具の特徴

転削工具（フライス工具）の特徴はボデーの円周状に複数の刃を有することです。フライス加工は切削工具が回転することによって刃が工作物に次々に食い込み、工作物を削り取ります。このように、切削工具（チップ、刃）が工作物と接触・非接触を繰り返す切削を断続切削といいます。切削工具（チップ、刃）が工作物に衝突する瞬間には大きな衝撃力が作用するため、断続切削になりやすい転削工具には繰り返し作用する衝撃に耐え得る強靭性（粘り強さ）が求められます。1つの刃に注目すると、工作物を削っている時間（接触時間）と削っていない時間（非接触時間）を繰り返しています。工作物を削っている時の刃は高温（一般に800℃程度）になりますが、削っていない時の刃は空気により冷却されます（切削油剤を供給している場合には水冷または油冷されます）。このように、短時間に急加熱、急冷却を繰り返すことになるので、転削工具には温度差に強い耐熱衝撃性が求められます。**図2-11-2**に、転削工具による加工例を示します。

❸旋削工具と転削工具に求められる性能の違い

旋削工具には連続的な接触に耐え得る耐摩耗性（高温硬さ）が求められ、転削工具は断続的に作用する衝撃に耐え得る強靭性（粘り強さ）と、短時間に繰り返される急加熱・急冷却に強い耐熱衝撃性が求められるということになります。

図 2-11-1 旋削工具(単刃工具)と加工の種類

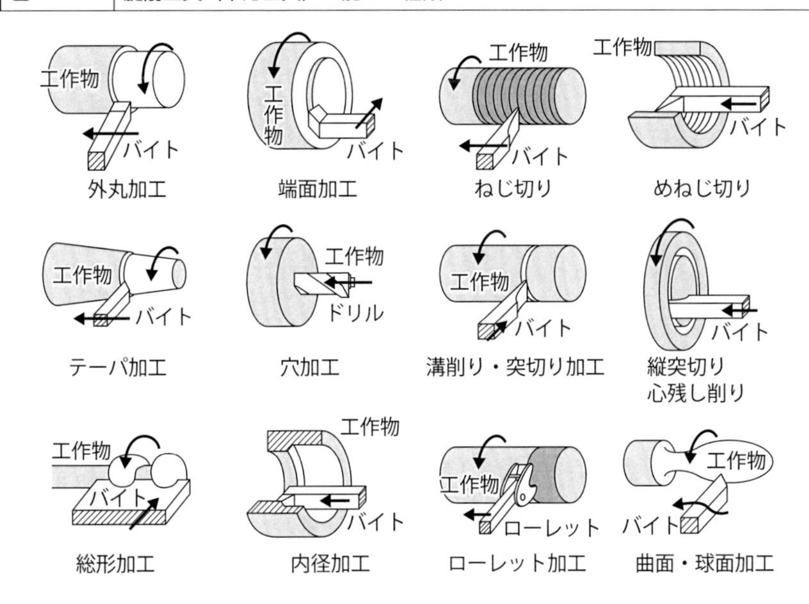

図 2-11-2 転削工具(多刃工具)と加工の種類

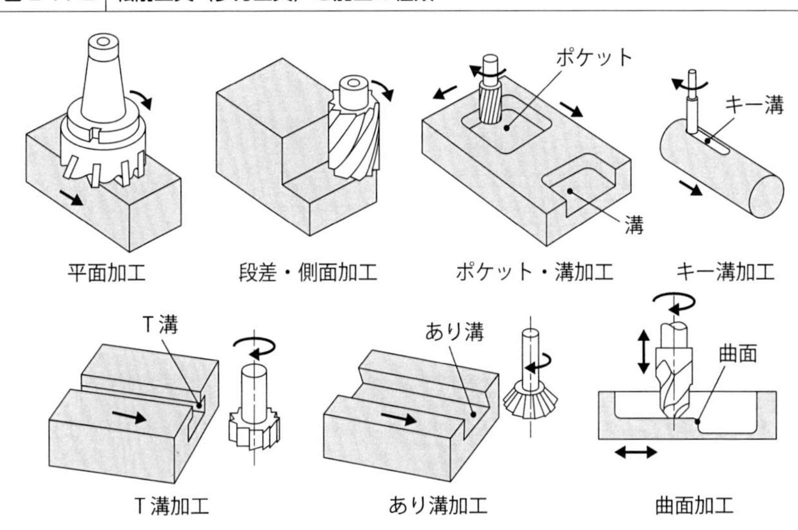

要点 ノート

旋削工具と転削工具では1次性能として求められる特性が違います。1つの刃に注目することで、必要な1次性能を見極めることが大切です。

12. チップブレーカと切りくずの形状

❶チップブレーカとは？

図2-12-1に、いろいろな形状のチップブレーカを持つチップを示します。チップブレーカとは、切りくずを短く分断するためにチップのすくい面に設けられた溝や突起状の凹凸です。チップブレーカ（chip breaker）はチップ（切りくず）をbreak（分断する）というのが語源です。

工作物を削る際に発生する切りくずはチップのすくい面上を滑りながら排出されます。連続切削である（チップと工作物が離れない）旋盤加工ではチップブレーカがないチップを使用すると、切りくずは糸のように長く繋がりますが、チップブレーカのあるチップを使用すると、切りくずは湾曲し、一定の長さで分断されます。切りくずが長くなると回転する工作物に絡まり仕上げ面にキズが付く可能性があり、加工品質および作業性ともに悪くなります。したがって、チップブレーカを上手く使い、切りくずが長くならないように適当な長さに分断することが大切です。

❷切りくずの分断と切りくず体積

チップブレーカがあるチップを使用すれば、どのような切削条件で削っても切りくずが分断されるわけではありません。切りくずを適切に分断するためにはチップブレーカが適切に作用する切削条件の範囲を正しく理解し、チップブレーカの形状に適した大きさの切りくずを排出しなければいけません。さらに、チップブレーカの形状に合った適切な切りくず体積になるように、切削条件（切削速度、バイトの送り量、切込み深さ）を設定することが大切です。切りくずを上手にコントロールすることが金属加工を上手に行う第一歩です。

❸炭素鋼（S45C）を切削した場合の切りくず形状

溝形のチップブレーカ（超硬合金製）チップを使用して、炭素鋼を切削速度一定とした（工作物の回転数を直径によって変化させた）条件で、バイトの送り量（mm/rev）と切込み深さ（mm）を変化させて旋盤加工した場合、バイトの送り量、切込み深さが小さいほど切りくずが長く繋がります。一方、バイトの送り量、切込み深さが大きいほど切りくずが短く分断され、小片になります。切りくずは長く繋がるよりは小片になる方がよいですが、切りくずを小片

図 2-12-1　色々な形状のチップブレーカ

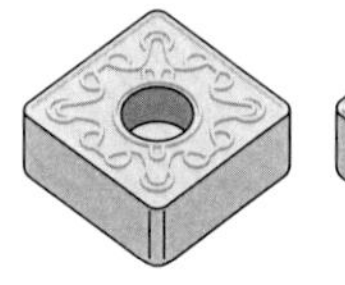
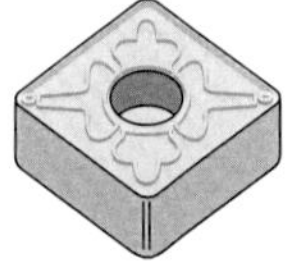
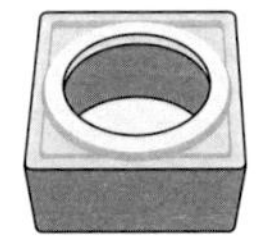

(a) チップブレーカあり

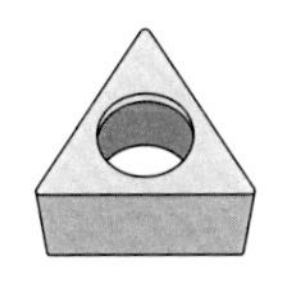

(b) チップブレーカなし

図 2-12-2　切りくず形状の良否の一例

1. リボン状切りくず
2. もつれた切りくず

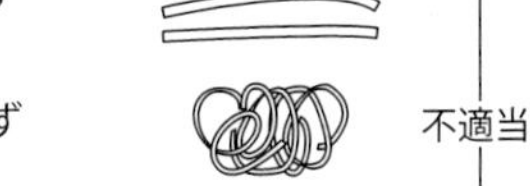

3. 平らならせん状切りくず
4. 斜めのらせん状切りくず
5. 長い円筒らせん状切りくず
6. 短い円筒らせん状切りくず

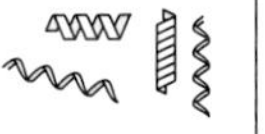

7. 渦巻きらせん状切りくず

8. 渦巻き状切りくず
9. ちぢれた切りくず

10. 破砕切りくず

図 2-12-3　チップブレーカと切削条件の関係（イメージ）

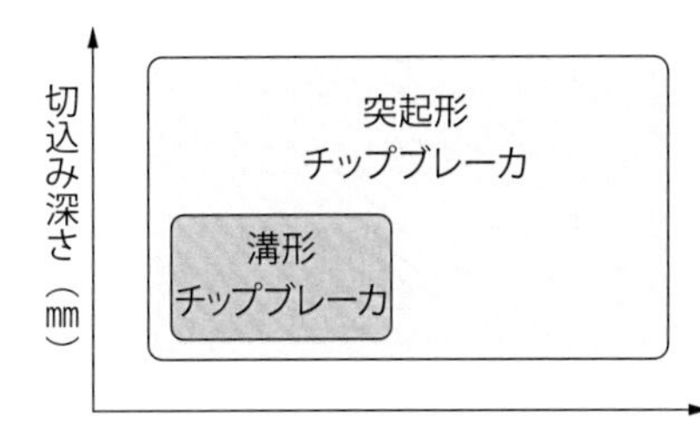

にするためにバイトの送り量、切込み深さを大きくすると切れ刃への負担が大きくなり、工具寿命が短くなります。

図2-12-2に、切りくず形状の良否の一例を示します。チップブレーカはその形状によって適正に切りくずを分断できる切削条件の範囲が決まっているため、チップブレーカに適した切削条件の設定、または切削条件に適したチップブレーカの選択が必要になります。**図2-12-3**にチップブレーカと切削条件の関係（イメージ）を示します。

要点　ノート

チップブレーカはその形状によって切りくずを適切に分断できる切削条件の範囲が決まっています。

13. 普通といし

研削といし（砥石）は研削加工に使用する研削工具です。といしは回転させて使うものと、回転させないで使うものに大別でき、研削加工のように回転させて使うといしを「研削といし」、回転させないで使うものを「手とぎといし」といいます（図2-13-1）。

❶3要素

研削といしは小さな石の焼結体で、1つひとつの小さな石を「と粒」といいます。と粒とと粒の間には空洞があり、空洞を「気孔」といいます。と粒とと粒を繋いでいるのは「結合剤」です。研削といしは「と粒、気孔、結合剤」の3つで構成されており、「研削といしの3要素（図2-13-2）」といいます。

❷5因子（と粒の種類、粒度、結合度、組織、結合剤の種類）

と粒の種類、粒度、結合度、組織、結合剤の種類は研削といしの性能を左右する重要な情報で、この5つを「研削といしの5因子」といいます（図2-13-3）。

①と粒の種類はアルミナ質と粒と炭化けい素質と粒の2種類に大別でき、製造方法や性状の違いにより、さらに細かく分類されます。簡単な使い分けの指針としては、磁性のある材料はアルミナ質と粒、磁性のない材料は炭化けい素質と粒を使用するとよいでしょう。

②粒度は、と粒の大きさを表す呼称です。と粒の大きさは砥粒を分別する際のふるい（ザル）の目の大きさで規定されており、たとえば、粒度80の研削といしは1インチ（約25.4 mm）に80個の目を有したふるいで選別されたと粒を使用しています。つまり、粒度が小さいほど、と粒は大きくなり、粒度が大きいほど、と粒は小さくなります。JISでは粒度4〜220を「粗粒」、粒度230〜8000を「微粉」と分類しています。

③結合度は、と粒とと粒の結合の強さの度合いでです。結合剤の量が多ければ結合度は高く（といしが硬く）なり、結合剤の量が少なければ結合度は低く（といしは軟らかく）なります。結合剤の種類によって結合力は異なりますが、同じ結合剤を使用した場合、結合力は結合剤の量に比例します。JISでは結合度をA〜Zで規定しており、AからZの順に結合度が高く（硬く）なります。一般的な研削加工ではJ、K、Lが多用されます。

図 2-13-1 研削といしと手とぎといし

研削といし

手研ぎといし

図 2-13-2 といしの3要素

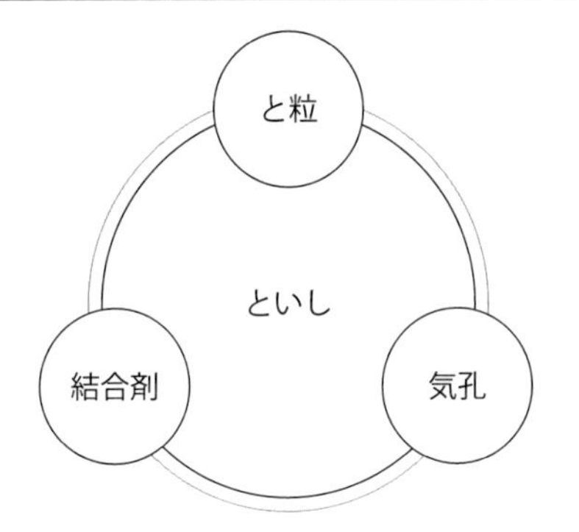

図 2-13-3 研削といしの3要素5因子

平面研削加工の様子

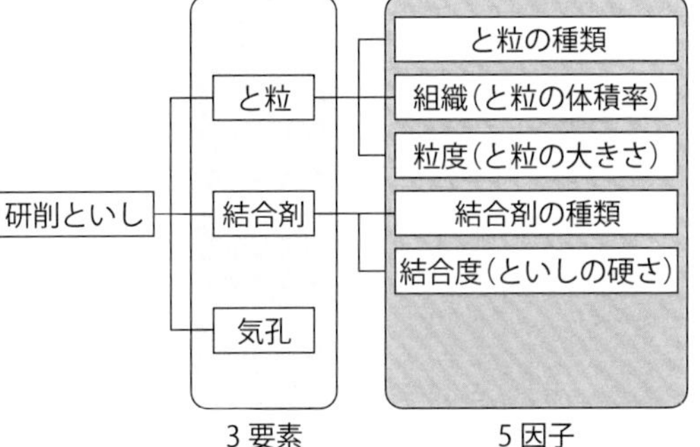

④組織（と粒率）は研削といしに占めると粒の体積比率を表す単位で、百分率で表されます。といしに含有すると粒が多いほど「砥粒率」が高く、と粒が少ないほど「砥粒率」は低くなります。JISでは「砥粒率」を2%ごとに12%～62%まで区分し、0から25の「組織番号」で規定しています。一般的な研削加工では6～8を使用します。

⑤JISでは結合剤の種類を8種類規定していますが、V（ビトリファイド結合剤）とB（レジノイド結合剤）がもっとも一般的な結合剤です。一般に、ビトリファイド研削といしはレジノイド研削といしよりも研削仕上げ面が粗くなりやすいため、仕上げ加工などの精密研削作業ではレジノイド研削といしが向いています。

要点 ノート

と粒の種類、粒度、結合度、組織、結合剤の種類は研削といしの性能を左右する重要な情報で、この5つを「研削といしの5因子」といいます。

14. 超砥粒ホイール

❶ホイールとといしの違い

台金の周辺に薄いといしの層を持つといしを「ホイール」といいます。全体がと粒でできているものを「といし」、一定の層だけといしになっているものが「ホイール」です。ホイールのと粒層に使用されている「と粒」はダイヤモンドとCBN（立方晶窒化ほう素）の2種類があり、両者はアルミナ質と粒や炭化けい素質と粒に比べ、きわめて硬さが高いことから、総称して「超砥粒」と呼んでいます（**図2-14-1**）。このため、ダイヤモンド粒子（と粒）を結合剤で固めたホイールを「ダイヤモンドホイール」、CBN粒子（と粒）を結合剤で固めたホイールを「CBNホイール」といいます。

❷3要素5因子

超砥粒ホイールのと粒層も、「と粒、結合剤、気孔」から構成されています。ただし、超砥粒ホイールには気孔がないものもあります。気孔のないと粒層は切りくずの排出性が悪いため、注意しなければいけません。研削性能を左右するのは5因子で、と粒の種類（CBNかダイヤモンド）、粒度、結合度、組織（超砥粒ホイールの場合は集中度（コンセントレーション））、結合剤の種類の選択が重要になります。研削加工のトラブルの多くは研削といし（超砥粒ホイール）の選択ミスが原因です。

❸ビトリファイドとレジノイドの使い分け

超砥粒ホイール（研削といし）の結合剤は、鉱石を主成分とする「ビトリファイド結合剤」か、樹脂を主成分とする「レジノイド結合剤」が主流です。レジノイドは空気圧の低いタイヤ、ビトリファイドは空気圧が適度に入ったタイヤと考えることができます。専門的にいえば、弾性係数を比較するとレジノイドが低く、ビトリファイドが高くなります。レジノイドは空気圧が低いので軟らかくスポンジのようなイメージで加工できます。したがって、研削といしと工作物の接触面積が増え、研削に作用すると粒数が増えるため仕上げ面が綺麗になります。ただし、軟らかくといしが凹むため、設定切込み深さよりも削り残しが発生しやすくなります。一方、ビトリファイドはレジノイドほど仕上げ面が綺麗になりませんが、削り残しが生じにくくなります。鏡面が必要な場

図 2-14-1 CBN とダイヤモンドの硬さ

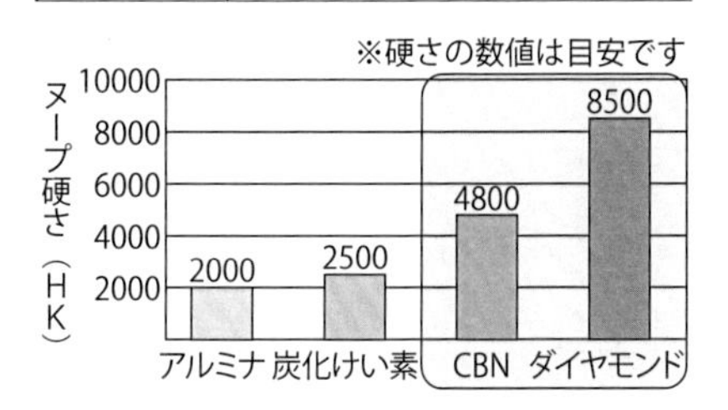

図 2-14-2 ビトリファイドといしとレジノイドといしの違い(イメージ)

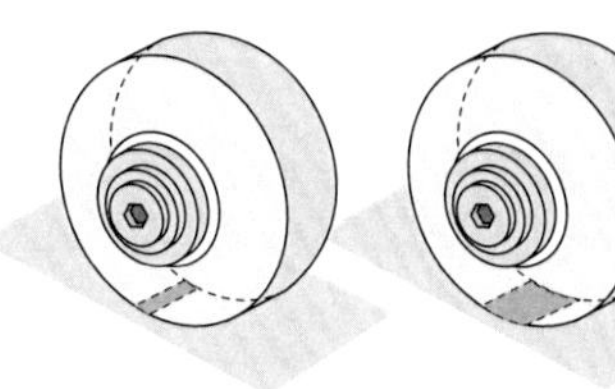
(a)ビトリファイドといし (b)レジノイドといし

図 2-14-3 CBN とダイヤモンドの使い分けの目安

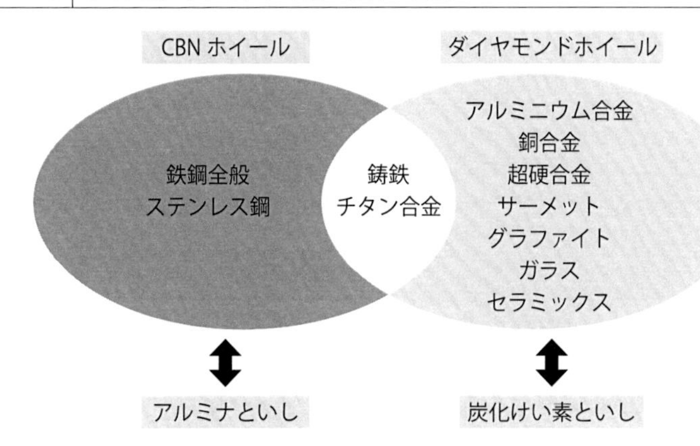

合はレジノイド、通常の研削加工を行う場合はビトリファイドを選択するとよいでしょう(**図2-14-2**)。この選択指針は普通研削といしも同じです。

❹CBNとダイヤモンドの使い分け

使い分けを**図2-14-3**にまとめます。CBNホイールは鉄系金属、ダイヤモンドホイールは非鉄金属に使用します。もう少し大雑把に分類すると、磁性のあるものはCBNホイール、磁性のないものはダイヤモンドホイールを使用します。さらにいえば、CBNホイールは研削といしのA(アルミナ質と粒)、ダイヤモンドホイールは研削といしのC(炭化けい素と粒)の代替と考えてよいでしょう。ただし、CBN、ダイヤモンドどちらを使用するか迷う材料もありますし、例外もあるので注意してください。ダイヤモンドは高温になると鉄と化学反応するため、鉄系金属への使用には適しません。

要点 ノート

超砥粒ホイールは研削といしと比べて高価ですが、工具寿命が長いため生産性を向上させることができます。

15. ツーリング（その1）

❶ツーリングとは？

ツーリングは切削工具を工作機械（とくにボール盤、フライス盤、マシニングセンタ）の主軸に取り付けるための接続部品（インターフェース）です（図2-15-1）。代表的な切削工具とツーリングの結合方法の種類には以下のようなものがあります。下記にツーリングの一例を示します。

❷ドリルチャック

ドリルチャックはチャックハンドルを使用して3つの爪を開閉させてドリルを掴む機構になっており、ボール盤、電気ドリル、汎用旋盤、フライス盤などで使用されるもっとも汎用的なホルダです（図2-15-2）。ドリルの振れ精度は0.03 mm〜0.1 mm程度と比較的悪いため、精度が要求される穴あけ加工には適していません。ドリルチャックは高速度工具ソリッドドリルに適したホルダですが、保持力が弱いため、高速回転で使用する超硬合金ソリッドドリルでは、保持力が負けてドリルが滑ることがあります。把握力はコレットチャックの1/4程度です。

❸キーレスドリルチャック

キーレスドリルチャックは爪の開閉にチャックハンドルを使用せず、手で締める機構のホルダです（図2-15-3）。チャックハンドルが不要かつドリルの脱着が簡便で、使い勝手のよいホルダです。キーレスドリルチャックは回転方向の切削抵抗（切削トルク）によって自動的に保持力が高くなる構造をしています。ただし、ドリルチャックと同様に、ドリルの振れ精度と保持力がそれほど高くないため、高精度な穴あけ加工には適しません。

❹モールステーパシャンクホルダ

モールステーパシャンクホルダはテーパシャンクドリルを保持するホルダで、テーパ面が密着することによって拘束されます（図2-15-4）。振れ精度はテーパ面のあたりに影響されますが、0〜0.03 mm程度と高くなっています。テーパシャンクの高速度工具鋼ドリルで高精度な穴あけを行うときに最適なホルダです。モールステーパホルダにはシャンクの端部の形状がタング式と引きねじ式の2種類があります。

図 2-15-1　ツーリング

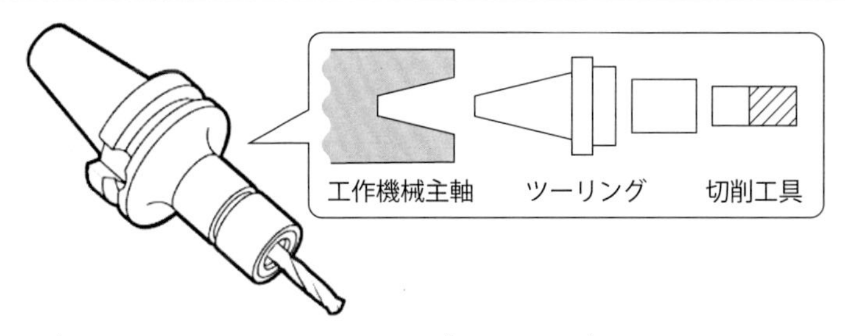

図 2-15-2　ドリルチャック

図 2-15-3　キーレスドリルチャック

図 2-15-4　モールステーパシャンクホルダ

一口メモ

BTはボトルグリップテーパの略で、ボルトグリップという突起を固定するツーリング、NTはナショナルテーパの略で、引きねじで固定するツーリングです。通常、NC工作機械はBT、汎用工作機械はNTを使用します。

要点 ノート

ドリルチャックは1カ所のみ締め付けるのではなく、3カ所を均等に締めます。均等に締めることで保持力が増し、加工精度が高まります。

16. ツーリング（その2）

❶コレットチャック

コレットチャックはテーパ形状のコレットによって切削工具のシャンクを保持するチャックです（図2-16-1）。保持力や取り付け精度はテーパの角度、コレットの縮みしろによって変わりますが、コレットとシャンクが全周面であたり、接触長さが長いため、他のチャックに比べて取り付け精度が高いことが特徴です。ただし、他のチャックに比べて保持力は低いので、通常、外径16 mm以下の切削工具に使用します。なお、コレットにはシングルアングルとダブルアングルがあり、ダブルアングルはシングルアングルに比べ把握長が長くなるため保持力が高いです。

❷ミーリングチャック

ミーリングチャックはニードルベアリング（細い棒状のローラ）でエンドミルのシャンクを締め付けるチャックです（図2-16-2）。エンドミルの外径に合ったストレートコレットを介して取り付けるので、ストレートコレットを変えることで多種の外径を把握できます。汎用性が高く、もっともよく使用されています。ミーリングチャックは把握力が高いですが、曲げ剛性が弱いです。

❸ハイドロチャック

ハイドロチャックは油圧チャックともいわれ、ホルダ内部に組み込まれた油圧機構によって切削工具を保持するチャックです（図2-16-3）。取り付け精度、剛性、保持力が高く、高精度な加工に適しています。ただし、油の温度変化や寿命が短いなど多少取り扱いが難しいのが欠点です。

❹サイドロックチャック

サイドロックチャックは切削工具のストレートシャンクに設けられた平坦部に、ホルダの側面から挿入したねじによって保持するチャックです（図2-16-4）。平坦部をねじで拘束するため保持力が強く、大径の切削工具に適していますが、ホルダと切削工具はねじによる点接触に近いため、剛性が低く、びびりが発生する場合があります。

❺焼きばめチャック

焼きばめチャックはホルダを加熱し、熱膨張させた取り付け穴に切削工具の

図 2-16-1　コレットチャックとコレット

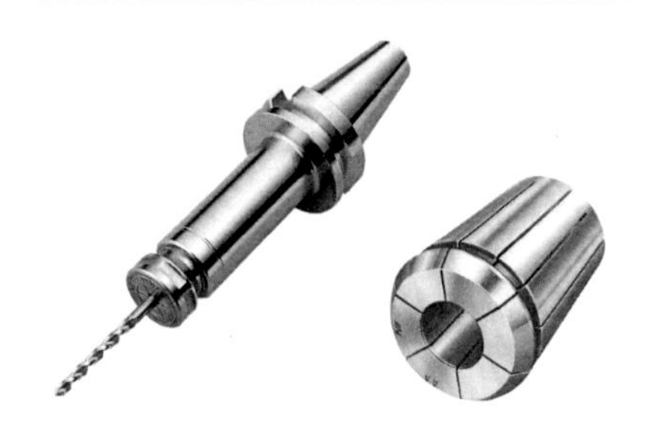

図 2-16-2　ミーリングチャック

図 2-16-3　ハイドロチャック

図 2-16-4　サイドロックチャック

図 2-16-5　焼きばめチャック

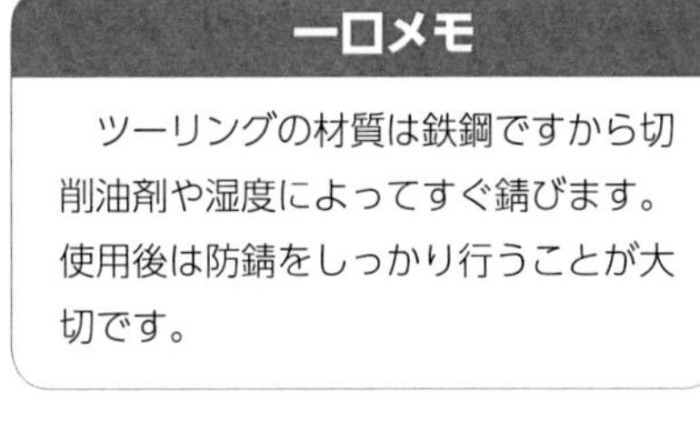

一口メモ

　ツーリングの材質は鉄鋼ですから切削油剤や湿度によってすぐ錆びます。使用後は防錆をしっかり行うことが大切です。

シャンクを挿入し、その後、ホルダを冷却・収縮させて保持する仕組みです(図2-16-5)。取り付け精度、剛性、保持力が高く、高精度加工に適しています。ただし、チャックの加熱・冷却に多少時間がかかります。

要点 ノート

多種あるツーリングから目的に合ったもの適正に選択し、使用することが大切です。ツーリングは加工精度、工具寿命に大きく影響します。

17. ツーリング（その3）

❶取り付け時の注意点

切削工具とツールホルダの締結剛性が低いと切削抵抗によってびびりが発生し、加工精度が悪く、工具寿命も短くなります。切削工具をツーリングに取り付ける際の注意点は以下の通りです。

1）ツーリングは切削力に耐え得る保持力を有するものを選択する。
2）ツールホルダの接触面（シャンク）にキズがないこと、切りくずやゴミが付いていないことを確認する。
3）切削工具の突き出し長さを短くする。
4）製造メーカが推奨する締め付けトルクで適切に締め付ける。

❷取り付け誤差による不具合

図2-17-1に、エンドミルの回転振れの要因を模式的に示します。図に示すように、エンドミルはフライス盤やマシニングセンタの主軸にツーリング（ホルダおよびコレット）を介して取り付けます。このため、エンドミルが回転する際に生じる振れは理論上、「主軸自体の振れにホルダおよびコレットの取り付け誤差に起因する振れ」を加算した値になります。つまり、主軸と切削工具を接続するツーリング部品（ホルダやコレット）が多いほど締結剛性が低く、回転振れも生じやすいといえます。**図2-17-2**に、エンドミルに回転振れがない場合と回転振れがある場合に外周刃で得られる仕上げ面性状を模式的に示します。図に示すように、エンドミルに回転振れがない場合には、外周刃によって得られる仕上げ面粗さは、1刃あたりの送り量にともなう規則正しい軌跡になることがわかります。一方、エンドミルに回転振れがある場合には、もっとも回転振れが大きい箇所の外周刃が工作物を大きく削るため、見かけ上、1刃の外周刃で切削したような凹凸になり、仕上げ面粗さは極端に悪くなります。また、回転振れが大きいと各切れ刃の切削量が不安定になり、これに起因する衝撃や切削量の偏りにより工具寿命が短くなります（**図2-17-3**）。

切削工具をツーリングに取り付ける際は決まった手順で取り付け、ツーリングを主軸に取り付けた後はダイヤルゲージなどを使用して切削工具の刃先先端の回転振れを確認し、取り付け精度を調整することが大切です。

図 2-17-1 エンドミルの回転振れの要因（ツーリングの影響）

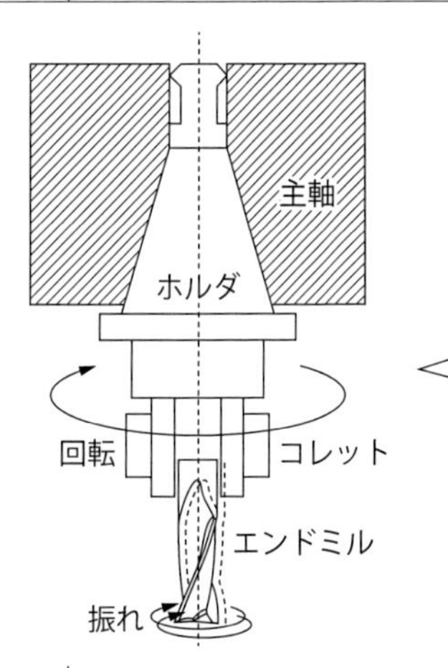

突き出し長さが長い場合はわずかな切削抵抗でもエンドミルがたわみやすく、かつ高速回転が振れ回りを増大させます。取り付け後は刃先の回転振れを必ず確認し、最小になるよう取り付けを調整することが大切です。

図 2-17-2 エンドミルの外周刃による仕上げ面の凹凸（イメージ）

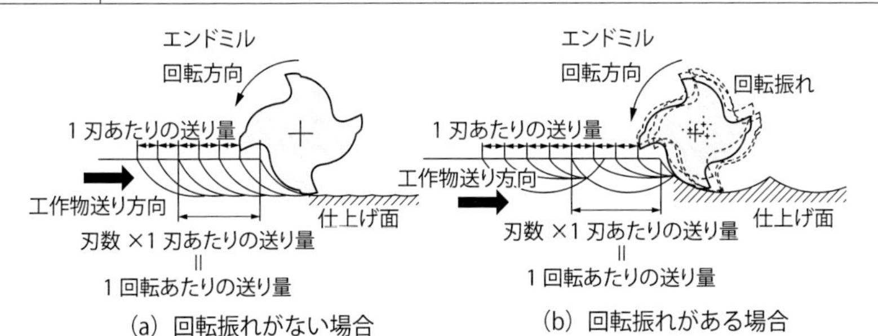

図 2-17-3 回転振れと工具寿命の関係

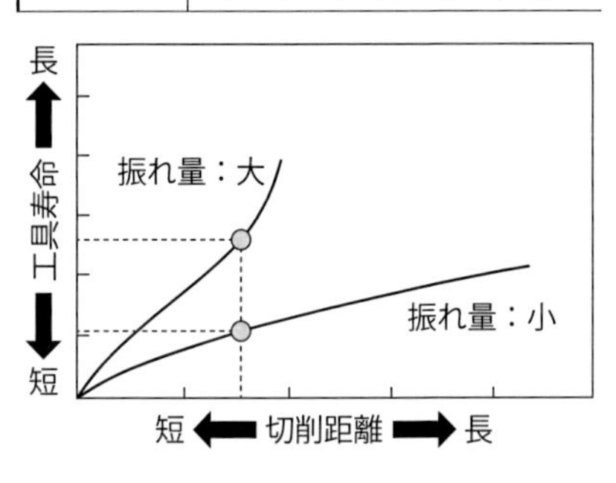

図 2-17-4 エンドミル加工の加工精度に影響する主な要因

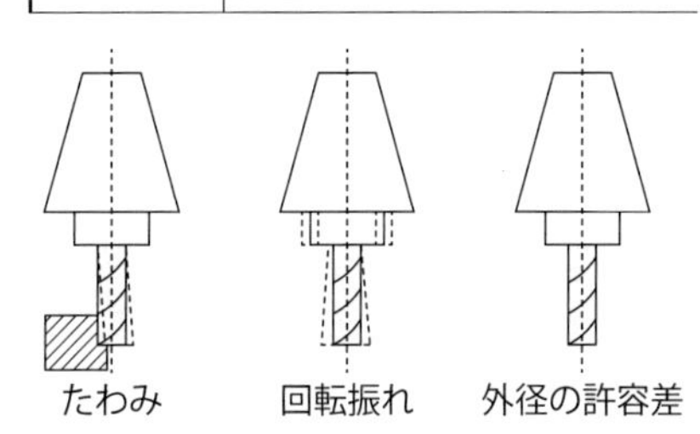

要点 ノート

機械加工の精度不良は、切削工具とツーリングの取り付け精度に起因する切れ刃の切削量の不均一（切削抵抗の変動）が主因の1つです。切削工具の回転振れを小さくすることが重要です。

18. 治具(その1) マシンバイス

❶治具とは？締め付け力の目安

治具は機械加工や組み立て作業を行うとき、工作物や切削工具、部品の位置を固定、案内、誘導するために用いる器具の総称です。マシンバイスは治具の一種で、フライス盤やマシニングセンタのテーブルに取り付けて、主として矩形状（角形状）の工作物を固定するときに使用します。**図2-18-1**に、マシンバイスの各部の名称を示します。マシンバイスの大きさは口金の幅（図中aの寸法）で表します。マシンバイスには締め付け力の増力、増圧機構を有したものがあり、増力のための動力には空圧、油圧、メカ、電動があります。ただし、締め付け力が大き過ぎると工作物に余計なストレスが作用し、歪んでしまいます。締め付け力は切削抵抗（切削時に切削工具が工作物に作用する力）よりも少し大きいくらいが目安です。荒加工など切削抵抗が大きい時は締め付け力を強くし、仕上げ加工など切削抵抗が低い時には締め付け力を弱くするように、締め付け力は切削抵抗に合わせて調整することが大切です。

❷種類（M形とS形）

マシンバイスにはM形（**図2-18-2**）とS形（**図2-18-3**）があり、M形はフライス盤用（Milling用）、S形は形削り用（Shaper用）です。M形には精度により1級と2級があり、1級の方が高精度です。M形はS形に比べて、静的精度や締め付け精度が優れています。同じ大きさの場合、M形はS形に比べて把握力が高いです。

❸具備すべき特性

機械加工で加工精度を追求するためには、工作機械、切削工具、加工条件の適正な設定が必要ですが、材料を固定するマシンバイスの性能も重要なポイントです。マシンバイスの性能には静的精度や締め付け精度があります。静的精度には主として①本体底面とすべり面の平行度、②固定側と可動側の口金の平行度、③両口金とすべり面の直角度があります。M形の1級では、①と②は100 mmに対して0.02 mm、③は100 mmに対して0.05 mmになっています。

締め付け精度に影響を与える要因には主として、①固定口金の倒れ、②可動側口金の浮き上がり、③フレームの反りがあります。**図2-18-4**に示すよう

図 2-18-1 マシンバイスの各部の名称

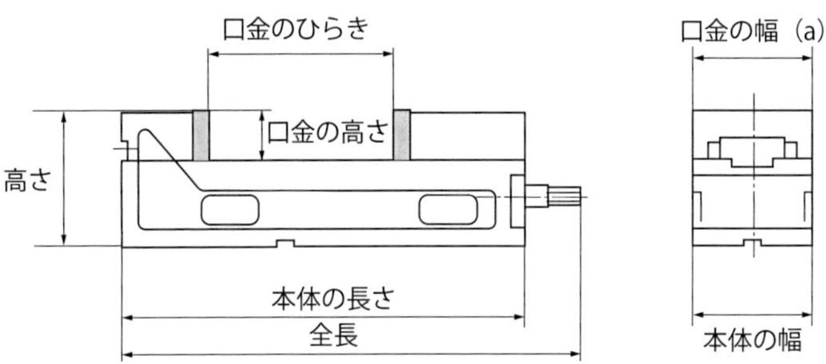

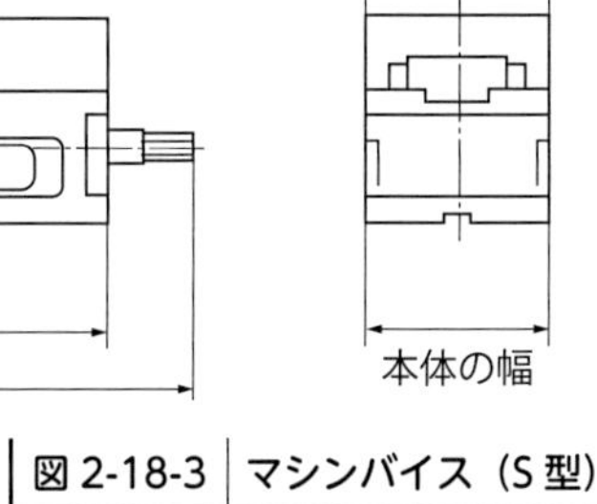

図 2-18-2 マシンバイス（M 型）

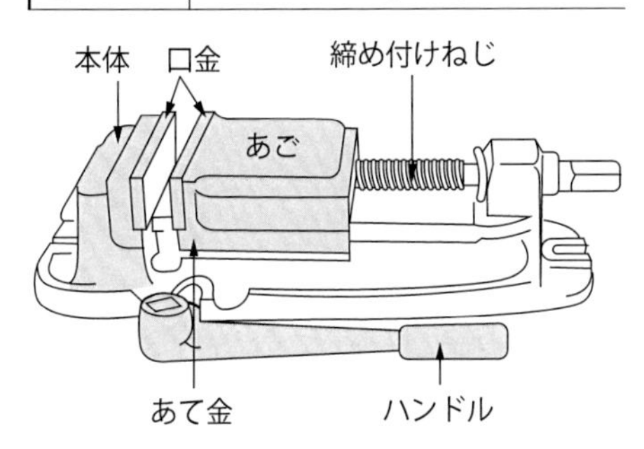

図 2-18-3 マシンバイス（S 型）

図 2-18-4 口金の上だけで掴むと口金が浮く

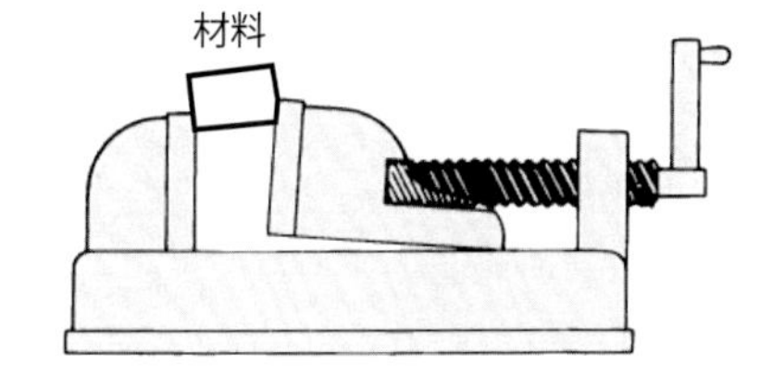

図 2-18-5 強く締めすぎるとバイスが曲がる

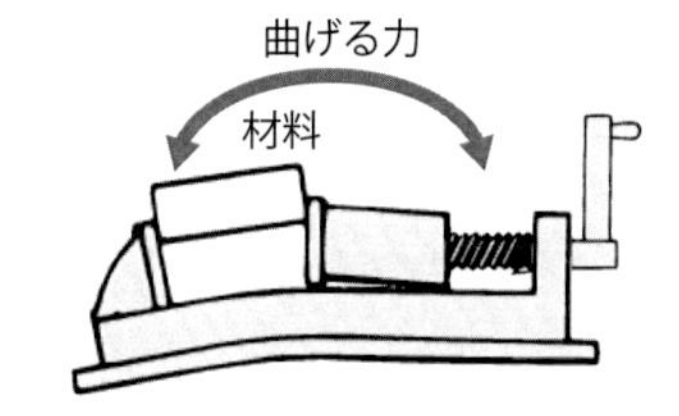

に、マシンバイスは横からの力で材料を固定しますが、締め付け力が大きくなると可動側の口金と材料が浮き上がります。また、**図2-18-5**に示すように、可動側口金を強く締め付けすぎると、締め付け力によりバイスの本体（フレーム）が曲がり、反ります。そのため、マシンバイスには締め付け時に、本体が曲がる力に対して強固で反りにくい特性が必要です。

要点 ノート

締め付け力は常に一定ではなく、切削抵抗に合わせて調整し、工作物にひずみが生じないようにすることが大切です。

19. 治具（その2）チャック

❶種類

チャックは主として旋盤の主軸に取り付けて、棒状の工作物を固定するときに使用します。また、フライス盤やマシニングセンタのテーブルに取り付けて、棒状の工作物を固定するときにも使用します。チャックには**図2-19-1**に示すスクロールチャック（三つ爪連動チャック）と**図2-19-2**に示すインデペンデントチャック（四つ爪単動チャック）の2種類があります。

❷スクロールチャック

スクロールチャックはチャック端面に120°間隔で3つの爪（ジョー）を持ち、締め付けねじを回すと3つの爪が同時に、同じ量だけ半径方向に移動します。チャック内部に蚊取り線香の形をした渦巻き状の部品が入っており、この渦巻き状の部品により3つの爪を同時に動かすことができます。

スクロールチャックはチャックと工作物の中心が簡単に合わせることができるため、生産現場で多用されています。ただし、スクロールチャックは1つの締め付けねじで3つの爪を同時に動かすため、締め付け力が分散されます。そのため、インデペンデントチャックよりも締め付け力が弱くなります。また、スクロールチャックは3つの爪のうち1つでも変形や摩耗すると、3つの爪の対称性に誤差が生じるため、チャックの中心と材料の中心に多少のズレが生じることがあります。

❸インデペンデントチャック

インデペンデントチャックはチャック端面に4つの爪が90°間隔に配置されています。各爪に締め付けねじがあり、締め付けねじを回すことによって対応する爪だけを半径方向に移動させることができます。単動とは、それぞれの爪が単独に動くということです。

インデペンデントチャックは爪が独立して移動をするため、スクロールチャックよりも材料の締め付け力が強くなります。したがって、材料が大きく、重量の場合や荒加工に適しています。また、爪が独立して移動をするため、爪が摩耗している場合やキズがある場合でも主軸の回転中心と材料の軸心が一致するよう微調整できます。さらに、主軸の回転中心と工作物の中心をず

図 2-19-1 スクロールチャック

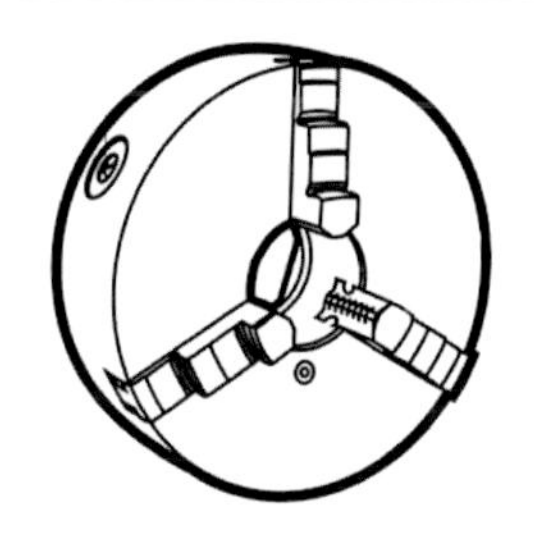

図 2-19-2 インデペンデントチャック

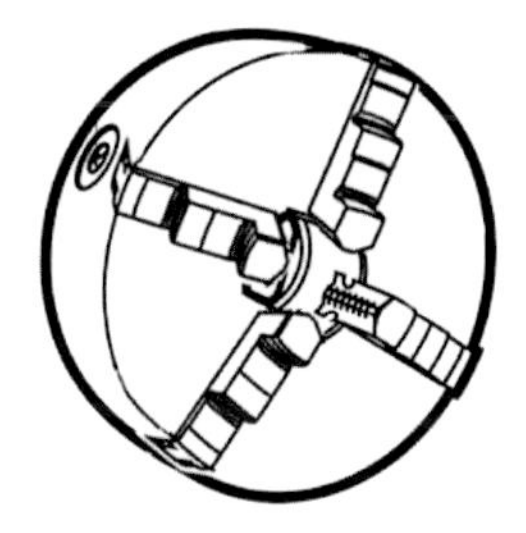

図 2-19-3 インデペンデントチャックを使用した偏心加工の例

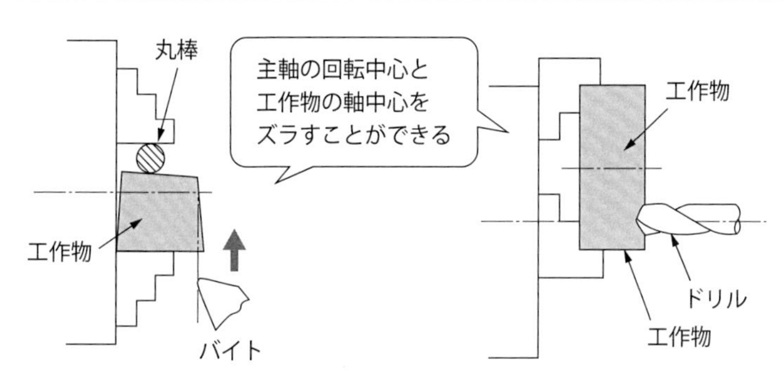

らして（偏心させて）加工できることも利点です（図2-19-3）。ただし、4つの爪が単独で動くため、慣れるまでは主軸の回転中心と材料の軸心を一致させる（心だし）作業が大変です。インデペンデントチャックの爪は反転させることにより「内爪」「外爪」の両方を使用できます。

❹硬爪と生爪

爪には硬爪と生爪があります。硬爪は熱処理がほどこされ硬いため、材料の形状（主として外径）に合わせて削ることはできません。しかし、摩耗しにくく強固であるため、荒加工に適しています。生爪は熱処理されておらず軟らかいため、材料の形状（主として外径）に合わせて削ることができます。そのため回転精度が高く、仕上げ加工に適しています。生爪にはアルミニウム製のものもあり、軟らかく成形しやすいこと、材料をキズつけにくいことや軽いため遠心力による把握力が低下しにくいことが利点ですが、摩耗しやすいことが欠点です。

要点 ノート

回転中は遠心力によって爪が開くため、回転数が高くなるほど遠心力も大きくなり、把握力が弱まります。

20. 治具（その3）電磁チャックと永久磁石チャック

図2-20-1に電磁チャックを、**図2-20-2**に永久磁石チャックを示します。電磁チャック、永久磁石チャックは主として研削盤に搭載し、磁力（マグネット）で工作物を固定する治具です。磁性のない工作物は固定できません。

❶電磁チャックの吸着の仕組み

電磁チャックは電磁石を内蔵したチャックです。電磁石は磁極用鋼材の周りをコイルで覆い、このコイルに電流を流して磁石をつくります。電流を切ると磁力がなくなり、工作物を取ることができます。

図2-20-3（a）に、電磁チャックの吸着原理を示します。図に示す灰色部分が非磁性体で、白色の部分が継鉄（ヨーク）です。継鉄は2つの磁石間を磁力線で結合するための鉄心で、磁石から出る磁力線が通りやすい、不純物の少ない純鉄や低炭素鋼（S15C相当）が使用されます。このため、電磁チャックの表面はとても軟らかく、工作物を滑らせるとすぐにキズがつきます。工作物を取り外す際は、滑らさず、持ち上げるように行うことが大切です。

磁力線の通りやすさを表す指標を「透磁率」といいます。透磁率は空気を1とすると、継鉄は1000～10000倍です。継鉄を磁石の近くに配置しないと磁力線はどこに向かうかわかりませんが、磁石の近くに配置することにより磁力線は透磁率の高い継鉄に集中します。電磁チャックに電流を流すと、N極とS極の磁性が発生し、磁力は継鉄と材料を介して結ばれます。これで材料を固定できます。吸着力の強弱は流れる電流の大きさで制御できます。

❷永久磁石チャックの吸着の仕組み

永久磁石チャックは電気を使用しないため電磁チャックよりも省エネルギで、発熱もないため熱膨張などの精度変化がないことが特徴です。また、永久磁石は構造がシンプルで低価格です。図2-20-3に、永久磁石チャックの磁力のON、OFFの仕組みを示します。図に示すように、継鉄をスライドさせることで磁力のON、OFFが可能です。図のように磁力線が継鉄から材料を経由する場合には吸着し、継鉄をずらすと、磁力線の経路が変わり、磁力線は材料を経由しなくなります。つまり、磁力線が継鉄同士の近道を通過する場合、材料は吸着せず、材料を取り外すことができます。

図 2-20-1 電磁チャック

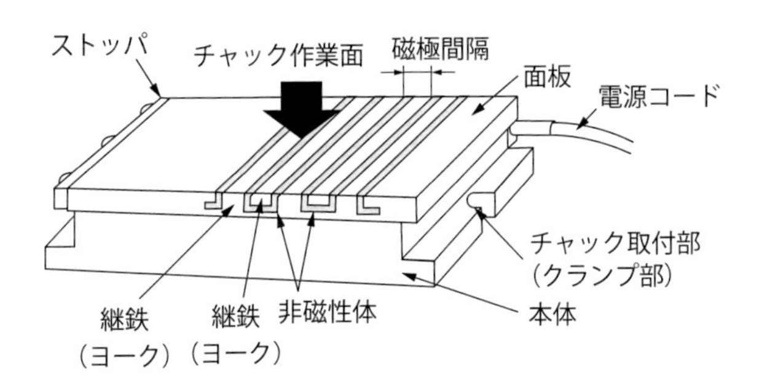

図 2-20-2 永久磁石チャック

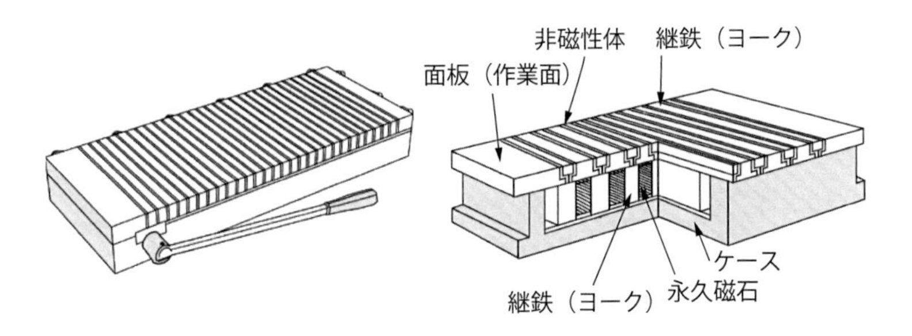

図 2-20-3 電磁チャックと永久磁石チャックの着脱の原理

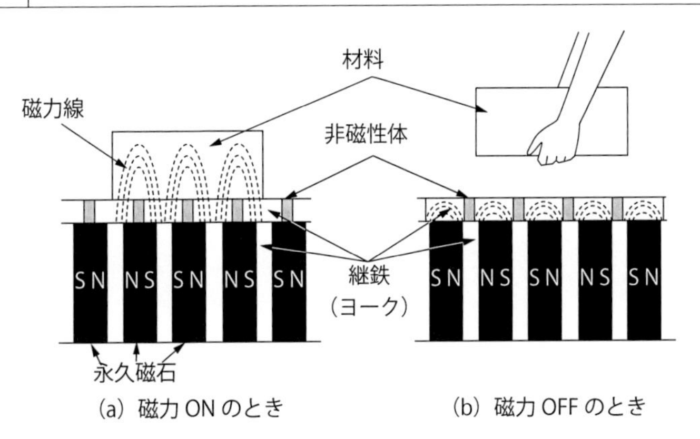

(a) 磁力 ON のとき　　(b) 磁力 OFF のとき

要点 ノート

電磁チャック、永久磁石チャックは磁力の力で工作物を固定するため、工作物の透磁率だけでなく、表面粗さ(黒皮の有無)や厚み、置き方によって固定力が変わります。

21. スケールとノギス

❶スケール

スケールは長さを測定するための測定具です。スケールは厚みが薄くたわみやすいため測定する対象物に沿わせて測定します。また、目盛を読むときは**図2-21-1**（b）のように目盛を真上から見ることが大切です。図2-21-1（c）に示すように、目盛を右斜めから読むと、測定物の角が100 mmの目盛よりも大きく見えることがわかります。一方、図2-21-1（a）に示すように、目盛を左斜めから読むと、測定物の角が100 mmの目盛よりも小さく見えることが確認できます。このように、正しい測定を行ったとしても、目盛を真上から読まないと、正確な測定値を読み取ることができません。斜めから目盛を読むことによって発生する測定値の誤差を、「視線による誤差」という意味で「視差（しさ）：Parallax（パララックス）」といいます。

スケールは測定範囲により「幅と厚み」が決まっています。たとえば、測定範囲（呼び寸法）が150 mmのスケールの場合では、幅が15 mm、厚みが0.5 mmです。したがって、幅と厚みを利用してスケールをゲージとして代用することもできます。ただし、幅と厚さにはそれぞれ許容差があり、幅15 mmや厚さ0.5 mmは正確ではありません。したがって許容差を考慮して使用することが大切です。

スケールの裏側には一般に、「インチとミリメートルの換算表」や「めじ切り加工（タップ加工）のための下穴のドリル外径」が記載されています。スケールの種類によってはその他さまざまな情報が記載されており、スケールの裏からはいろいろな情報を得ることができます。

❷ノギス

ノギスは測定物の外側（長さ）、内側（穴の径）、深さ、段差の4個所を測定できる万能測定具です。最近では測定値をデジタル表示するデジタルノギスも多く見られるようになりました。**図2-21-2**に、ノギスの各部の名称を示します。図に示すように、前述したスケールと同じ目盛りを持つ「本尺」と本尺上を移動する「スライダ」に分類され、スライダには「バーニア目盛」が刻印されています。そして、外側、内側の測定をつかさどる部分を「ジョウ」、深さ

図 2-21-1 視差による測定誤差の例

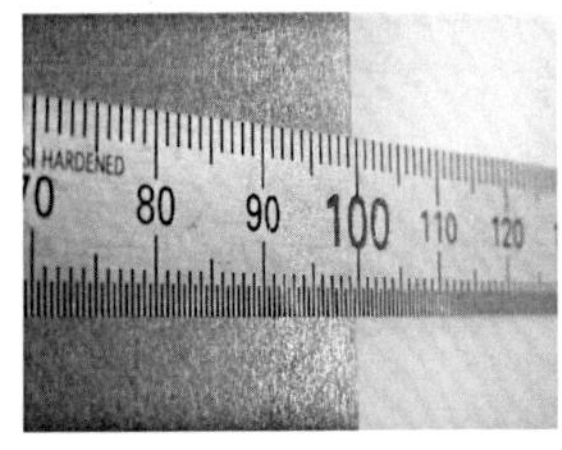
(a) 目盛を左斜めから見た時

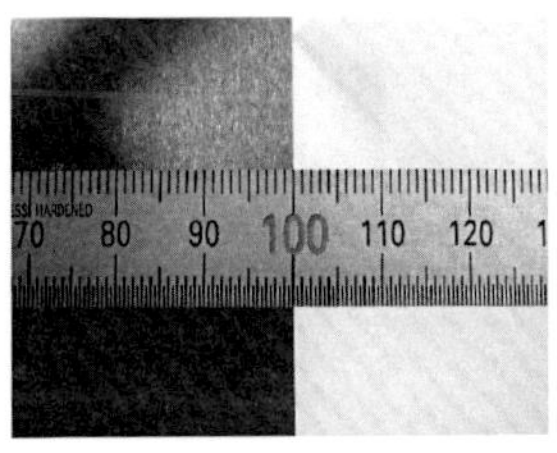
(b) 目盛を真上から見た時

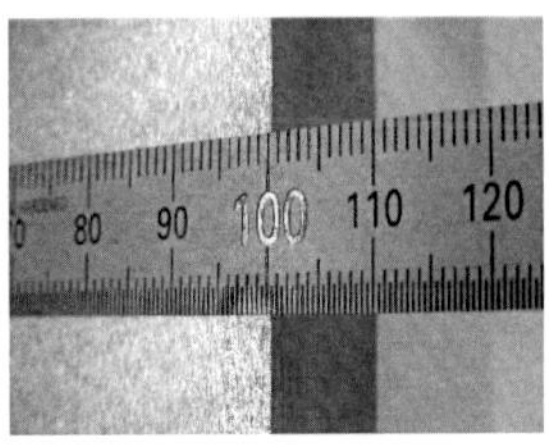
(c) 目盛を右斜めから見た時

図 2-21-2 ノギスの各部の名称

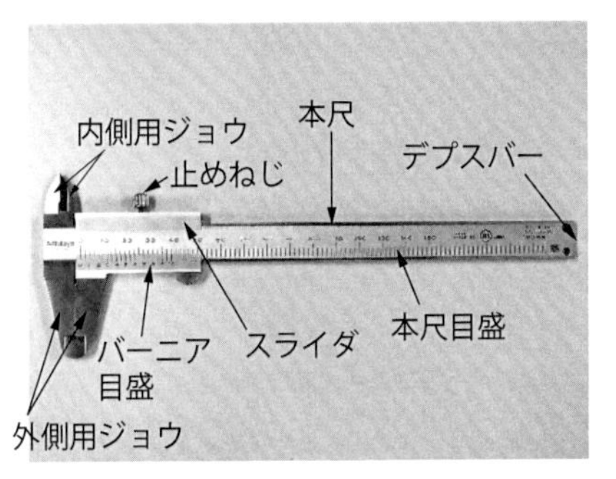

図 2-21-3 正しい外径測定の様子

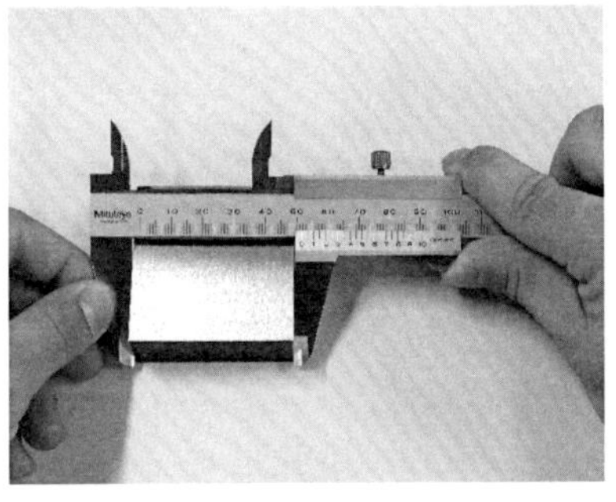

測定を行う部分を「デプスバー」といいます。

図2-21-3に、正しい外径測定の様子を示します。図に示すように、ノギスを利き手でしっかりと握り、外側用測定面と測定物が平行、垂直に当たるようにします。ノギスの測定面が傾いていては正確な測定ができません。また、できる限り外側用測定面の根元で測定します。さらに、測定面が測定物を押さえ付ける力は強過ぎても、弱過ぎてもいけません。測定面が測定物にカチッと接触したところで本尺とバーニア目盛をまっすぐに読みます。なお、一般に、ノギスの適切な測定力は約100～150gといわれています。ノギスはアッベの原理に従わない測定器ですので、特に測定力が強過ぎる場合には測定誤差が生じやすくなります。アッベの原理は90頁で解説しているので参照してください。

要点 ノート

適正な測定力で測定しないと正しい測定を行うことができません。正しい測定力を身に着けられるように「消しゴム」などやわらかいものを測定して練習するのもよいでしょう。

22. マイクロメータ

❶特徴

図2-22-1に、各種マイクロメータを示します。マイクロメータは測定範囲が0～25 mm、25 mm～50 mm、50 mm～75 mmというように、25 mmごとに分類されているため、測定物の大きさによって使い分けなければいけません。最近では、測定値をデジタル表示するマイクロメータも多く見られるようになりました。**図2-22-2**に、外側マイクロメータの各部の名称を示します。図に示すように、測定面を持つ部分の固定側（運動しない側）を「アンビル」、移動側（運動する側）を「スピンドル」といいます。そして、基準目盛が刻印されている部分を「スリーブ」といいます。さらに、スピンドルを出し入れするために回転操作する部分を「シンブル」、測定圧力を一定にする機能を持つ部分を「ラチェットストップ」といいます。

❷アッベの原理

アッベの原理はドイツのエルンスト・アッベによって提唱された原理で、「測定精度を高めるには、測定物と測定工具の目盛（基準尺）は測定方向の同一直線上に配置しなければいけない」というものです。ノギスの場合には、測定物とノギス（本尺）の目盛が測定方向の同一直線上になく、測定物と目盛には一定の距離があります。一方、外側マイクロメータの場合には、測定物とマイクロメータ（スリーブ）の目盛が測定方向の同一直線上にあり、測定物と目盛は同じ位置にあります。

ノギスとマイクロメータの構造の違いが測定誤差に与える影響を模式的に示したのが**図2-22-3**になります。図に示すように、ノギスでは測定力が強過ぎる場合や測定面の先端で測定物を挟んだ場合などスライド側のジョウに傾きが生じたとき、測定物とスリーブの目盛の距離が大きくなるほど実際の測定物の大きさよりも測定値が小さくなることがわかります。このため、ノギスを使用した測定では、外側用、内側用測定面の先端で測定することは避け、可能なかぎり根元で測定し、測定物とスリーブの目盛の距離が小さくなるようにするのが測定誤差を小さくするポイントです。一方、外側マイクロメータは測定物とスピンドル（スリーブの目盛）が同一直線状にあるので、構造上測定誤差が生

図 2-22-1 各種マイクロメータ

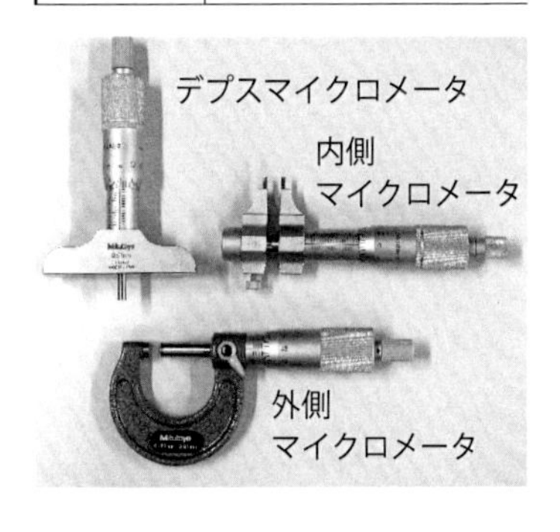

図 2-22-2 外側マイクロメータの内部構造

図 2-22-3 ノギスと外側マイクロメータの構造による測定精度の違い

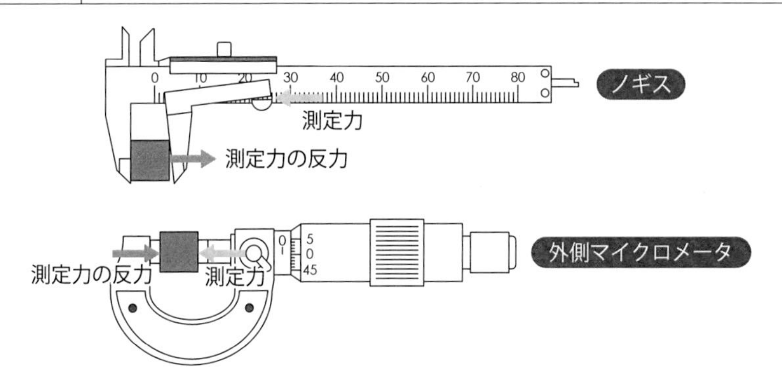

じることはありません。ただし、測定力が強過ぎたり、弱過ぎたりすれば測定誤差になります。このように、測定物と測定工具の目盛が測定方向の同一直線上にあることで、測定精度を高められるというのが「アッベの原理」です。外側マイクロメータはアッベの原理に従い、ノギスはアッベの原理に従っていないので、最小目盛りの違いではなく、構造的な観点からも外側マイクロメータはノギスに比べ測定精度が高いということになります。

要点 ノート

外側マイクロメータはアッベの原理に従い、ノギスはアッベの原理に従っていません。ノギスはアッベの原理に近づけるため、できるだけ測定面の根元で測定することが大切です。

23. 合金元素とミルシート

❶鉄と鋼の違い（鋼の5元素）

純粋に鉄（Fe）だけでできた塊を「純鉄」といい、純鉄の鉄の純度は99%以上です。JISでは、炭素含有率が0.02%程度までのものを純鉄と規定しています。純鉄は非常に軟らかく実用には不向きであるため、一般には流通していません。日常私たちが鉄と呼んでいるものは、正式には「鋼：はがね（または鉄鋼）」といい、鉄を主成分として約2%以下の炭素と少量のけい素（Si）、マンガン（Mn）、リン（P）、硫黄（S）を含むものです。**図2-23-1**に示すように、炭素、けい素、マンガン、リン、硫黄は鋼を構成する基本元素で「鋼の5元素」といわれます。

❷合金元素の働き

鋼は炭素鋼（普通鋼）と合金鋼（特殊鋼）に大別され、一般に、鉄に5元素のみを含有したものを炭素鋼、5元素以外の元素を含有したものを合金鋼と呼んでいます。鋼に付与する元素を「合金元素」といい、5元素は合金元素の一種です。合金元素はさまざまな特性を付与することを目的に炭素鋼（鋼）に添加される金属または非金属元素です。

表2-23-1に、各種合金元素の働きを示します。表に示すように、たとえば、クロム（Cr）は耐摩耗性、耐食性を増加させ、浸炭を促進し、焼入れ性がよくなる働きがあり、ニッケル（Ni）は低温における耐衝撃性（じん性）を増加させ、耐食性を向上させる働きを有します。つまり、5元素しか有しない炭素工具鋼（SK）よりも炭素工具鋼をベースにニッケル（Ni）、クロム（Cr）、タングステン（W）、バナジウム（V）を添加した合金工具鋼（SKS、SKD、SKT）の方が、高温時の衝撃に強く、鉄鋼としての性能が優れています。また、クロム鋼（SCr）にニッケル（Ni）を添加させたニッケルクロム鋼（SNC）はクロム鋼よりも焼入れ性に優れ、ニッケルクロム鋼（SNC）にモリブデン（Mo）を添加させたニッケルクロムモリブデン鋼（SNCM）はニッケルクロム鋼よりもさらに焼入れ硬さが向上し、もっとも重要な機械部品に適用されています。このように合金元素を加えることによりさまざまな特性を付与でき、性能の高い鉄鋼になります。

図 2-23-1　鋼の5元素と含有量の目安

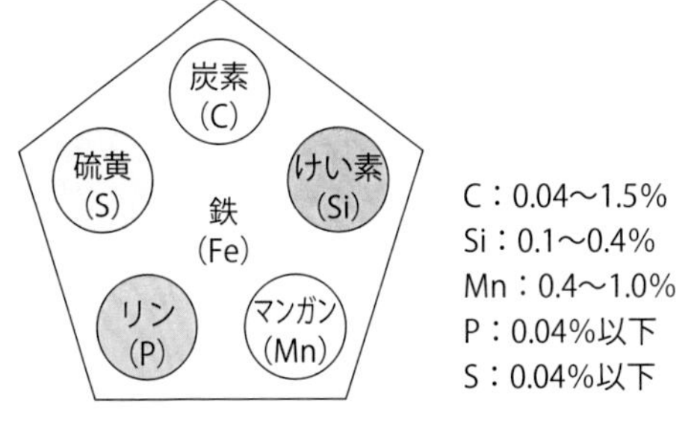

表 2-23-1　工具鋼に添加されている主な合金元素とその役割

主な効果	炭化物形成元素					固溶元素	
	炭素 (C)	クロム (Cr)	タングステン (W)	モリブデン (Mo)	バナジウム (V)	ニッケル (Ni)	コバルト (Co)
最高焼入れ硬さを高める	◎	△	△	△	△	△	△
耐摩耗性を高める	◎	○	◎	◎	◎	△	△
焼入れ性を高める	△	◎	○	◎	○	△	△
質量効果を小さくする	△	◎	○	◎	○	△	△
焼戻し軟化抵抗を高める	△	○	◎	◎	◎	△	△
高温硬さを高める	△	○	○	○	○	○	◎
耐衝撃性を高める	×	○	×	○	×	◎	△
耐食性を高める	×	◎	△	△	△	○	△

◎：効果が大きい　○：効果がある　△：あまり影響しない　×：低下させる

❸ミルシートの見方

次頁の**図2-23-2**にミルシートの例を示します。鉄鋼材料には「鋼材検査証明書、材料検査証明書」とよばれる製造実績値が記載された証明書があります。ミルシートには含有する合金元素や引張り強さ、曲げ強度などの機械的性質など、外観からはわからない情報が記載されています。前述したように、鉄鋼は含有する合金元素の種類が多いほど優れた性質になります。合金元素は料理に使用する調味料のようなもので、さまざまな調味料を加えることにより美味しい料理になるのと同じです。

ただし、合金元素の中で性質を劣化させる鉄鋼にとって有害な元素が2種類あり、その合金元素が「リン（P）と硫黄（S）」です。リンと硫黄は鉄鋼を脆くする性質を持つため含有量が少ないほど強度が高く、良質な鉄鋼になります。JISでは、鉄鋼材料の代表格である一般構造用圧延鋼材（SS）は、有害成

図 2-23-2 ミルシートの一例

INSPECTION CERTIFICATE
（検査証明書）

WELDING ROD OR WIRE
溶加棒又はワイヤ

CERTIFICATE No.
証明書番号：000379
DATE OF ISSUE
発行日：2015.03.20

TRADE DESIGNATION 品名（製番）	DIMENSION 寸法	MFG. No. 製造番号	APPLICABLE SPECIFICATION AND CLASSIFICATION 適用規格及び種類

CHEMICAL COMPOSITION 化学成分（%）

ELEMENTS 成分	C	Si	Mn	P	S	Cu	Ni	Cr	Mo	Nb	N	FN	FS
ROD OR WIRE 棒又はワイヤ	0.05	0.36	1.53	0.024	<0.001	0.13	9.53	19.85	0.11	0.01	0.02	11	8
ELEMENTS 成分	FNW												
ROD OR WIRE 棒又はワイヤ	10												

FS = FERRITE % (SCHAEFFLER DIAGRAM)
FN = FERRITE NUMBER (DELONG DIAGRAM)
FNW= FERRITE NUMBER (WRC)

TENSILE TEST OF DEPOSITED METAL 溶着金属引張試験				IMPACT TEST OF DEPOSITED METAL 溶着金属衝撃試験			HARDNESS TEST 硬さ試験
YIELD POINT 降伏点	YIELD STRENGTH AT 0.2% OFFSET 0.2% 耐力	TENSILE STRENGTH 引張強さ	ELONGATION 伸び	TEST TEMP. 試験温度	ABSORBED ENERGY 吸収エネルギー AVG. 平均		
- N/㎟	- N/㎟	- N/㎟	- %	- ℃	- J	- - -	-

分であるリンと硫黄の含有量の上限のみ規定しています。

ここで切削加工技術者の観点で考えると、鉄鋼の強度は弱い方が削りやすくなるため、リンと硫黄の含有量は多いほうがよいといえます。硫黄を故意に多く添加し、切削性を向上させた鉄鋼を「快削鋼」といいます。ミルシートを確認し、リンと硫黄の含有量を見ることによって、その鉄鋼が削りやすいか否かをある程度判断することができるということです。鉄鋼製品を大量に切削する企業ではリンと硫黄の含有量によって被削性が異なり、工具寿命がバラつくため、材料メーカに納品する鉄鋼材料のリンと硫黄の含有量を一定範囲内になるよう指示しています。同じ鉄鋼材料でも材料メーカやロットが違うと微妙にリンと硫黄の含有量が異なります。

ミルシートは納入する材料メーカに依頼すれば入手できるので自分が切削する鉄鋼にどのような合金元素が入っているのか、合金元素の割合で切削性がどのように変わるのかを確認しておくことが大切です。

要点 ノート

材料も人も見た目で判断せず、中身で見極めるということが大切です。現在はミルシートがなくても生産現場で簡単に合金元素の含有割合を測定できる携帯型の蛍光X線分析計もあります。

【第3章】

加工条件と加工現象

1. 回転数と切削速度

❶切りくずの生成にエネルギが消費される

図3-1-1に旋盤加工における外径切削を、**図3-1-2**にフライス加工における正面フライス加工、**図3-1-3**にエンドミル加工の模式図を示します。図に示すように、旋盤加工は主軸に取り付けた工作物を回転させ、回転する工作物にバイトを押し当て、不要な箇所を取り除いて目的の形状をつくります。また、フライス加工は主軸に取り付けた切削工具を回転させ、回転する切削工具を工作物に押し当て、不要な箇所を取り除いて目的の形状をつくります。

切削工具または工作物の回転エネルギの大部分は「切りくずの生成と分離」に消費されます。このため、機械加工は部品をつくっているというよりは、「切りくずをつくっている」といっても過言ではありません。言い換えれば、切りくずを上手に排出できているか否かが機械加工の良否を判断するポイントになります。

❷切削条件とは？

機械加工を上手に行うためには（切りくずを上手に排出するためには）、「切削条件」を正しく設定する必要があります。切削条件は①主軸（工作物）の回転数、②バイト（切削工具）の移動速度、③切込み深さの3つです。

❸回転数は切削速度から計算する

主軸の回転数は「1分間あたりの回転数」で表現され、単位は「min^{-1}」です。従来は単位として「rpm（revolutions per minute）」を使用していましたが現在では使用しません。主軸の回転数は**図3-1-4**の式①から計算して設定します。式に示すように、計算する際に必要な情報が右側にある「切削速度」です。切削速度は切削工具の刃先と工作物が衝突する際の速さ、つまり、刃先が工作物を削り取る瞬間の速さです。切削速度の単位は「m/min」です。単位からもわかるように、切削速度は「1分間あたりの切削距離（連続切削の場合は排出する切りくず長さ）」と考えることができるので、加工能率を示す指標にもなります。切削速度は工作物の材質と切削工具（チップ）の材質の組み合わせによって標準的な値が経験的に決まっており、私たちが勝手に決める値ではありません。切削速度が正しい値でないと上手な機械加工は行えません。図

図 3-1-1 旋盤加工（外径切削）

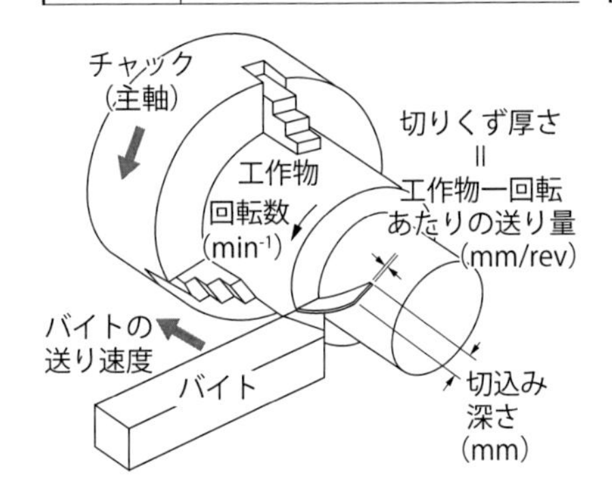

図 3-1-2 フライス加工（正面フライス加工）

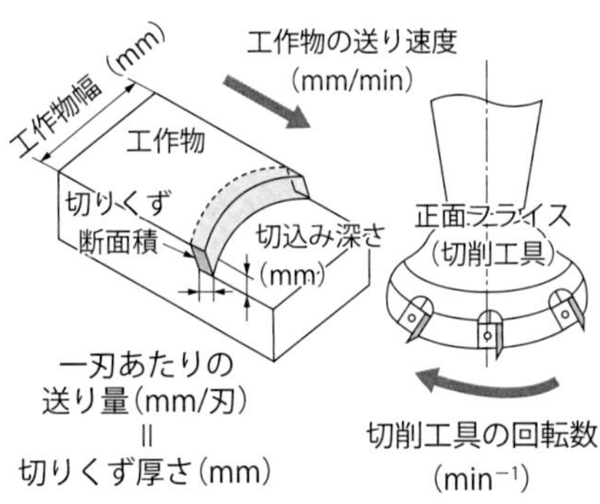

図 3-1-3 フライス加工（エンドミル加工）

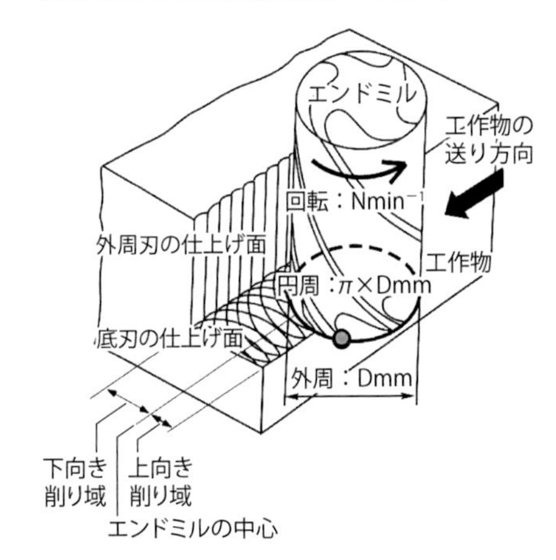

図 3-1-4 回転数と切削速度

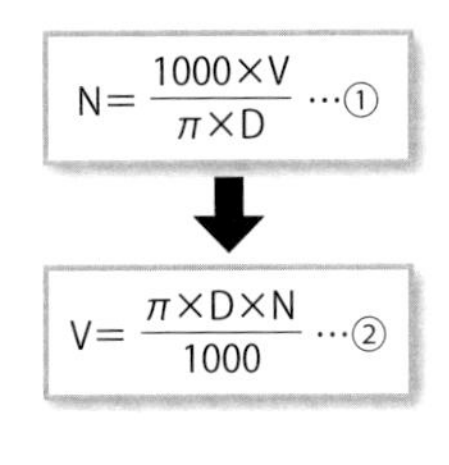

N：回転体の回転数（min^{-1}）
V：切削速度（m/min）
π：円周率（3.14）
D：回転体外径（mm）

切削速度の目安

加工	切削速度
旋削加工	200～250m/min
ドリル加工	85～100m/min
正面フライス加工	150～200m/min
エンドミル加工	80～90m/min

3-1-4の式②は式①を変換したものです。式②からわかるように、切削速度は回転数と回転体の外径によって変わります。さらにいえば、回転数が一定のとき回転体の外径が大きければ切削速度は高くなり、回転体の外径が小さければ切削速度は低くなります。

旋盤加工では加工が進行するにともない工作物の外径は小さくなるので切削速度は低くなります。このため、加工点の外径に合わせて適宜主軸の回転数を調整し、切削速度が適正になるように意識することが大切です。

要点 ノート

切削速度は切削工具が工作物を削り取る速さであり、1分間あたりの切削距離（連続切削の場合は排出する切りくず長さ）です。

2. 送り量と送り速度

図3-2-1に、旋盤加工とフライス加工の送り速度の模式図を示します。切削条件の2つ目は「送り速度」です。送り速度は「切削工具または工作物の移動する速さ」で、単位は「mm/min」です。単位からもわかるように、送り速度は「1分間にバイトが移動する距離」と置き換えて考えることができます。

❶旋盤加工の送り速度の設定方法

バイトの送り速度は式①を使って「工作物1回転あたりのバイトの送り量f(mm/rev)」から求めます。バイトの先端は鋭く尖っているのではなく、小さな丸みが付いています。この丸みをコーナ（またはノーズ）、丸みの大きさは半径で表し、コーナ半径（またはノーズ半径）といいます。

機械加工を行った工作物の仕上げ面（削った跡）は切削工具の刃先を転写した模様になるため、丸い凹凸模様のピッチ（山と山の間隔、谷と谷の間隔）が「1回転あたりのバイトの送り量」に相当します（21頁の図1-7-1参照）。バイトの送り量を小さくするほど、丸い模様が干渉するため平坦な面に（表面粗さが小さく）なります。したがって、仕上げ加工ではバイトの送り量を小さく設定します。しかし、バイトの送り量を小さくすると、目的の形状を仕上げるまでの加工時間が長くなるため、加工能率は低くなります。表面粗さと加工能率は相反する関係になります。一方、バイトの送り量を大きくし過ぎると、削り残しが生じてしまいます。このように、バイトの送り量に基づいて考えることで、送り量と仕上げ面の凹凸の関係を把握しやすくなります。バイトの送り量の目安は使用するチップのコーナ半径と覚えておくとよいでしょう。

❷フライス加工の送り速度の設定方法

フライス加工の送り速度は式②を使って「1刃あたりの送り量（mm/刃）」から求めます。1刃あたりの送り量は切削工具の種類（正面フライス、エンドミル、ドリルなど）や切削工具（チップ）の材質、工作物の材質との組み合わせによって標準的な値が決まっています。1刃あたりの送り量の目安は正面フライスでは0.1～0.3 mm、エンドミルでは0.05～0.1 mmです。エンドミルの1刃あたりの送り量は正面フライスの約1/2と覚えておくとよいでしょう。

式②からわかるように、1刃あたりの送り量、刃数、回転数のいずれかを大

図 3-2-1 旋盤加工とフライス加工の模式図

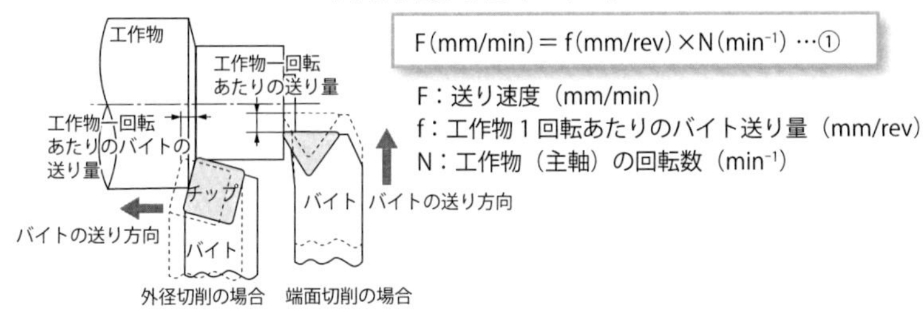

(a) 旋盤加工（外径切削）

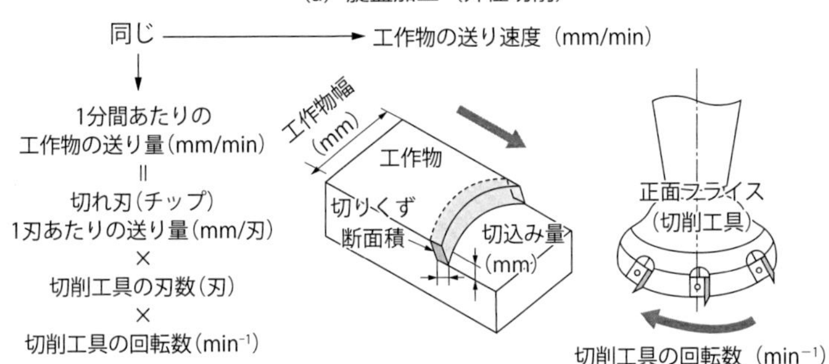

(b) フライス加工（正面フライス加工）

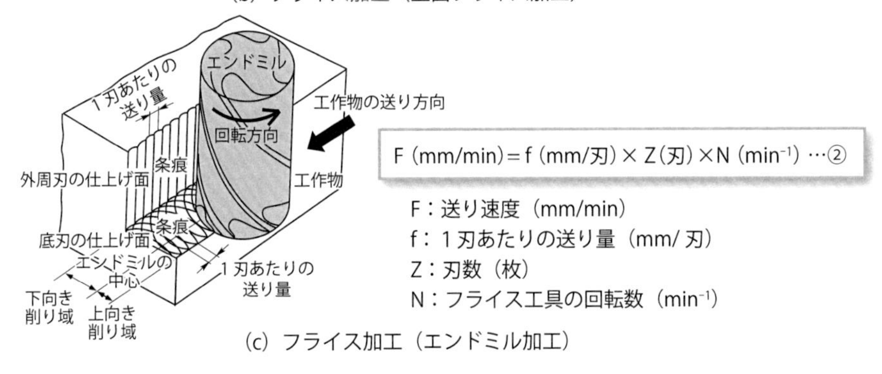

(c) フライス加工（エンドミル加工）

きくすれば、送り速度が早くできるため加工能率を高めることができます。

要点 ノート

旋盤加工は工作物が回転し、単刃なので、工作物1回転あたりの送り量（mm/rev)、フライス加工は切削工具が回転し、多刃なので1刃あたりの送り量（mm/刃）が基準になります。

3. 切込み深さ（最大切込み深さと仕上げ代）

❶切削動力と主軸の動力

図3-3-1に、旋盤加工の切込み深さを模式的に示します。図に示すように、切込み深さは名称の通り、切削工具が工作物に食い込む深さで、単位は「mm」です。切込み深さは工作機械の主軸の動力が基準になります。切削工具が工作物の削り取る際に必要な動力（パワー）のことを「切削動力」といいます。切削動力は旋盤加工の場合は式①、フライス加工の場合は式②で計算することができます（図3-3-2）。

一方、工作機械の主軸のモータにも動力があり、切削動力を主軸のモータの動力よりも高くすることはできません。ムリの限界値です。切削動力がモータの動力を超えると過電流でモータが焼き付きます。

❷最大切込み深さの計算

主軸のモータの動力を最大使用したとすると、切込み深さはどの程度食い込むことができるのでしょうか。この場合、式①、②を切込み深さtを求める式に変換し、切削動力を主軸のモータ動力に置き換えれば求めることができます。旋盤加工の場合は主軸のモータの動力が7 kW、1回転あたりの送り量が0.4 mm、切削速度が100 m/min、比切削抵抗が2000 MPaとすると、切込み深さは5.25 mmと計算できます。フライス加工の場合は、主軸のモータの動力が7 kW、切削幅が150 mm、送り速度が100 mm/min、比切削抵抗が3000 MPaとすると、切込み深さは約9.3 mmと計算できます。このように、切込み深さの最大値（最大切込み深さ）は使用する工作機械の主軸のモータの動力が基準になります。比切削抵抗は「工作物の削りにくさ」を表す指標です。

❸最小切込み深さ（仕上げ代）の適正値

最小切込み深さは使用する切削工具のチップのコーナ半径（刃先丸みの大きさ）に依存します。図3-3-3にコーナ半径が同じで、切込み深さが（a）コーナ半径よりも小さい場合、（b）コーナ半径と同じ場合、（c）コーナ半径よりも大きい場合を示します。

図から、3つとも同じ大きさの切削抵抗が作用すると仮定し、切削抵抗を切込み深さ方向と送り方向に分解すると、切削抵抗分力の大きさに違いがあるこ

図 3-3-1 旋盤加工とフライス加工の切込み深さ

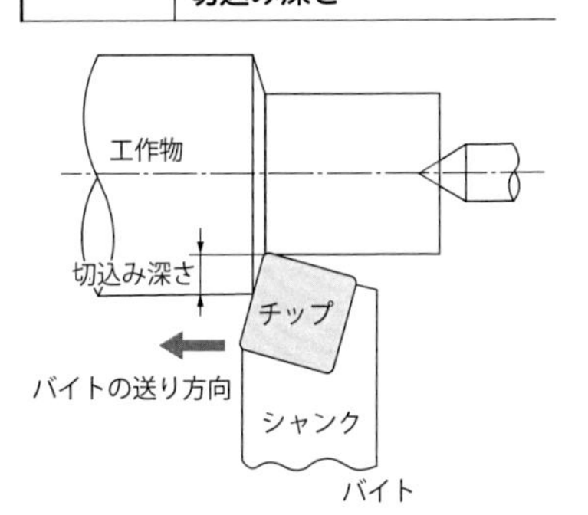

（a）外径切削の場合（旋盤加工）

図 3-3-2 切削動力の計算式

$$Ne=\frac{t\times f\times V\times Ks}{60\times 1000}\cdots①$$

Ne：切削動力（kw）
t：切込み量（mm）
f：バイト送り量（mm/rev）
V：切削速度（m/min）
ks：比切削抵抗（N/mm²）

（a）旋盤加工における切削動力の計算式

$$Ne=\frac{t\times w\times F\times Ks}{60\times 1000000}\cdots②$$

Ne：切削動力（kw）
t：切込み深さ（mm）
w：切削幅（mm）
F：1分間あたりの工作物の送り速度（mm/min）
ks：比切削抵抗（N/mm²）

（b）フライス加工における切削動力の計算式

図 3-3-3 コーナ半径が同じで、切込み深さが異なる場合の切削抵抗分力の違い

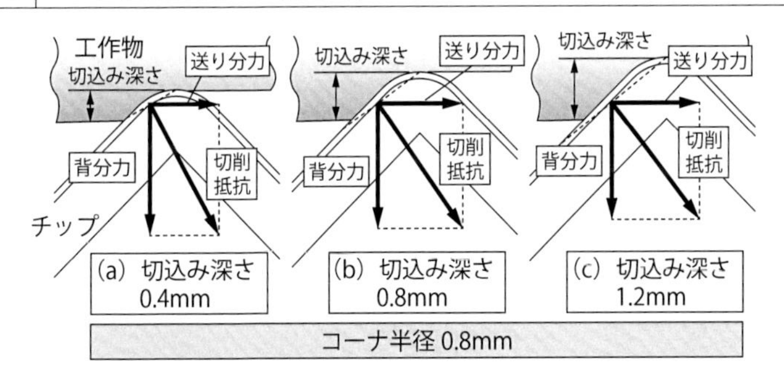

とがわかります。切込み深さ方向に作用する切削抵抗分力は①の場合がもっとも大きく、③の場合がもっとも小さくなります。切込み深さ方向の切削抵抗分力は加工精度に直接影響するため、仕上げ加工では特に小さくしなければいけません。つまり、最小切込み深さ（仕上げ代）は使用するチップのコーナ半径よりも大きくすることがポイントです。仕上げ代をチップのコーナ半径よりも小さく設定することもできますが、理想的な切削にはならないため仕上げ面がむしれ、きれいにはなりません。仕上げ代がチップのコーナ半径よりも小さい場合はコーナが仕上げ面を押しつぶして擦っている状態（バニシ状態）になっていないか確認することが大切です。

要点 ノート

最大切込み深さは主軸のモータ動力に、最小切込み深さは刃先丸み（コーナ半径）に依存します。最小切込み深さは切削抵抗分力に意識することが大切です。

4. 研削条件

研削加工を行うためには切削加工と同様に「研削条件」を設定する必要があります。研削条件は「研削といしの回転数、工作物の送り速度、切込み深さ」の3つです（**図3-4-1**）。

❶研削といしの回転数

研削といしの回転数は研削といしが1分間に回転する回数のことで、単位は「min^{-1}」です。研削といしの回転数は式①を使用し、「周速度」から計算します。周速度は「1個のと粒（研削といし）が工作物に接触する（削る）瞬間の速さ」です。また、「1個のと粒が1分間に動く距離」とも考えられます。どちらの考え方でも構いませんが、1個のと粒に注目することが大切です。周速度は切削加工の切削速度と同じです。周速度の単位は「m/min」か「m/s」のどちらかです。**表3-4-1**に、各研削盤作業における研削といしの一般的な周速度を示します。表に示すように、周速度は平面研削、外径研削、内面研削など研削方法により異なりますが、平面研削加工の場合には1200 m/min～1800 m/minが常用周速度です。図3-1-4に示した旋盤加工やフライス加工の標準的な切削速度は約200 m/minでしたから、研削加工（研削といしのと粒）は旋盤

図3-4-1　平面研削加工の研削条件

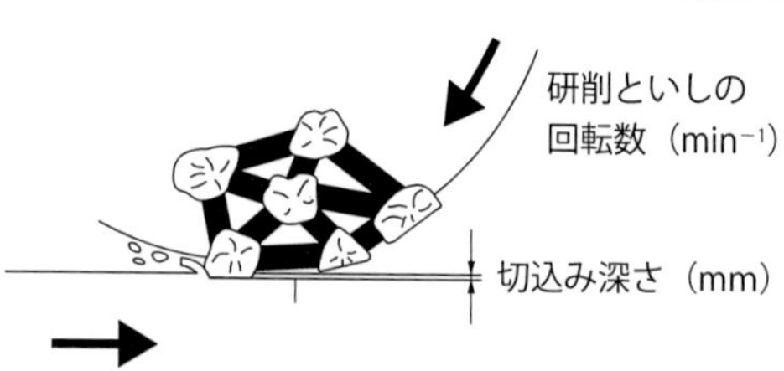

$$N=\frac{1000\times V}{\pi\times D}\cdots①$$

N：「研削といし」の回転数（min^{-1}）
V：周速度（m/min）
π：円周率（3.14）
D：「研削といし」の外径（mm）

式中の1000は切削速度の単位を「m」から「mm」に変換するための換算値です。

表 3-4-1 各研削盤作業における「研削といし」の周速度の目安

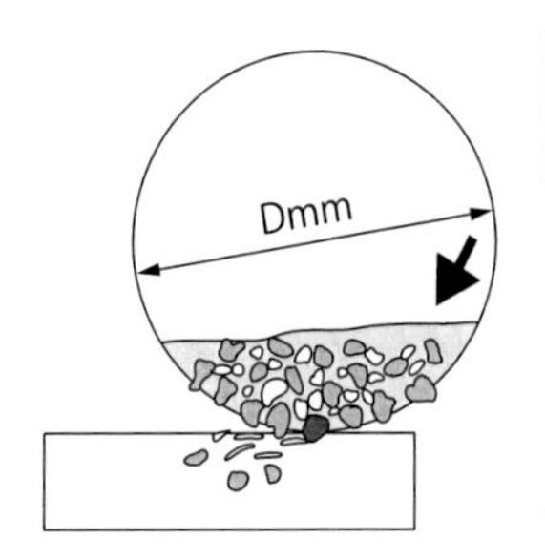

研削作業の種類	研削といしの周速度 (m/min)	研削といしの周速度 (m/s)
平面研削	1200～1800	20～30
円筒研削	1700～2000	28～33
内面研削	600～1800	10～30
工具研削	1400～1800	23～30

表 3-4-2 各研削作業における工作物の送り速度の目安（m/min）

研削作業の種類	軟鋼	焼入れ鋼	工具鋼	鋳鉄	アルミニウム合金
平面研削	6～15	30～50	6～30	16～20	20～30
円筒研削	6～15	6～16	6～16	6～15	18～30
内面研削	20～40	16～50	16～40	20～50	40～70

表 3-4-3 各研削作業における切込み深さの目安（mm）

研削作業の種類	軟鋼	焼入れ鋼	工具鋼	鋳鉄	アルミニウム合金
平面研削	0.005～0.01	0.005～0.01	0.005～0.01	0.005～0.01	0.002～0.01
円筒研削	0.005～0.015	0.005～0.01	～0.005	0.005～0.01	0.002～0.015
内面研削	0.005～0.01	0.005～0.01	～0.005	0.005～0.01	0.005～0.01

加工やフライス加工（バイトや正面フライスのチップ）に比べて約6～9倍の速度で工作物を削っていることになります。これが、研削加工は切削加工よりもきれいな仕上げ面が得られる理由の1つです。一般に、レジノイドといしは周速度を少し高くし、ビトリファイドといしは周速度を少し低く設定します。

❷工作物の送り速度と切込み深さ

工作物の送り速度は「工作物が1分間に移動する距離」で、単位は「mm/min」です。切込み深さは研削といしが工作物に食い込む量（深さ）で、単位は「mm」か「μm」です。工作物の送り速度と切込み深さを**表3-4-2、3-4-3**に示すように、経験的な目安があります。

要点 ノート

研削といしはと粒の数が多く、焼き物のため、といし作業面のコンディションが不安定で再現性が難しい。したがって、研削条件は理論的な目安はなく経験的な目安しかありません。

5. 形直しと目直し（ツルーイングとドレッシング）

❶形直し（ツルーイング）

図3-5-1に形直しを模式的に示します。形直しは「ツルーイング」ともいわれ、回転させた研削といしの外周面をダイヤモンドドレッサで削り、研削といしを真円にし、研削といしの中心と研削盤のといし軸中心を正確に一致させる作業です。

❷目直し（ドレッシング）

図3-5-2に目直しを模式的に示します。目直しは「ドレッシング」ともいわれ、と粒をダイヤモンドドレッサで微小に削り、と粒に鋭利な凸凹を付ける作業です。目直しを行うことにより、と粒にキズがつき、切れ味がよくなるため精密な研削加工が可能になります。

形直しと目直しは作業内容はまったく同じですが、形直しは研削といしの形状を成形（真円にする）ことが目的で、目直しはと粒を鋭利にすることが目的です。作業者は目的意識を明確にし、それぞれの作業を行うことが肝要です。具体的には「研削といし」の回転数、ダイヤモンドドレッサの切込み深さ、送り速度を調整し、形直しと目直しを区別します。

❸形直しと目直しの注意点

①保護めがねを着用する：ダイヤモンドにより削られた細かいと粒が目に入ると大変危険です。

②湿式（研削油剤を供給する）で行う：ダイヤモンドと研削といしの接触点は高温になります。ダイヤモンドは温度に弱い（600℃以上で軟化する）ため、乾式（研削油剤を供給しない）の場合には、ダイヤモンドドレッサの寿命が短くなります。

③ダイヤモンドドレッサは研削といしの回転方向に対して逃げ勝手に設置する：ダイヤモンドドレッサを研削といしの回転方向に対して食い込み勝手に設置する（ドレッサの先端が研削といしの回転方向の向き合うように設置する）と、ドレッサが研削といしに食い込み、大変危険です。

④研削といしの回転方向に向き合う方向から覗き込まない：回転中の研削といしが突然割れることもあり大変危険です。ドレッサと研削といしの接触点を

図 3-5-1 形直し（ツルーイング）の模式図

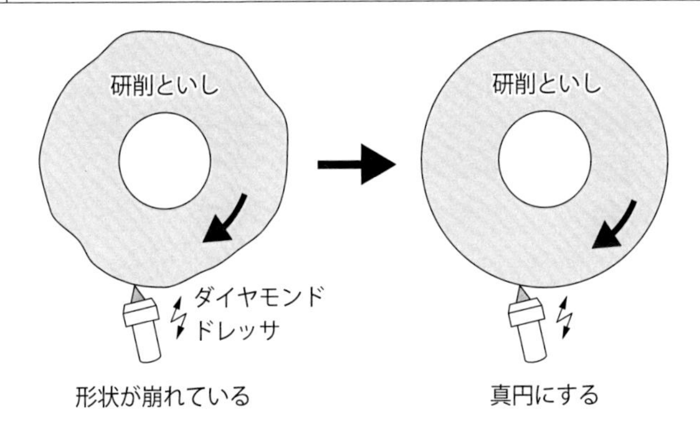

図 3-5-2 目直し（ドレッシング）の模式図

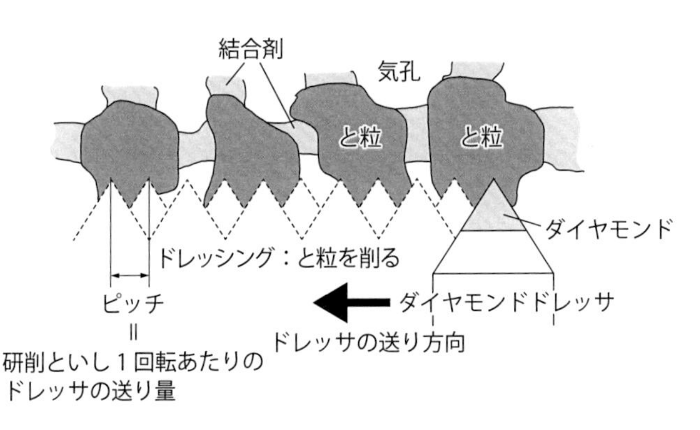

図 3-5-3 ドレッサの送り量と「と粒」の形状

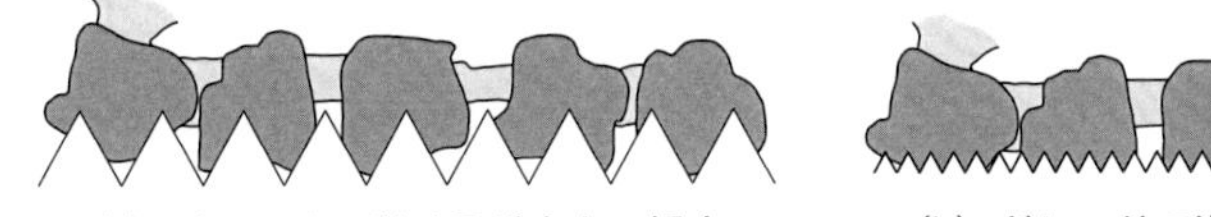

(a) ドレッサの送り量が大きい場合　(b) ドレッサの送り量が小さい場合

覗き込む際は必ず研削といしの回転方向から覗き込みます。

⑤研削といしの回転方向に立たない：形直し・目直しに関わらず研削作業を行う際には、回転中の研削といしが突然割れることもあり大変危険です。研削といしの回転方向には立たず、砥石カバーは必ず閉めておきます。

❹目直し係数（ドレス係数）

前述の通り、目直しはと粒に凹凸を付け、と粒の切れ味を調整する作業です。目直しは回転する研削といしの研削作業面にダイヤモンドドレッサを横切るようにして行いますが、ダイヤモンドドレッサが研削といしの作業面を横切る速さ（ダイヤモンドドレッサの送り速度）を変えることにより、**図3-5-3**に示すように、と粒の凹凸を調整できます。荒研削を行う際には、と粒の凹凸が大きい方がよいので、ダイヤモンドドレッサの送り速度を大きくし、精密研削を行う際にはと粒の凹凸が小さい方がよいので、ダイヤモンドドレッサの送り速度を小さくします。ここで、研削といしの粒度とドレッサの送り速度の関係についてみてみましょう。**図3-5-4**に示すように、研削といしのと粒径をdo、1回転あたりのダイヤモンドドレッサの移動量（ドレスリード）をdLとすると、目直しではdLはdoよりも小さいといけないので、式①が成り立ちます。

0≦dL≦do　…①

式①をdoで割ると、式②になります。

0≦dL/do≦1　…②

ここで、dL/doをKとすると（dL/do ＝Kとすると）、dL＝K×do…③という式を導くことができます。Kをドレス係数とします。

ドレッシング時の研削といしの回転数（1分間あたりの回転数）Nに、1回転あたりのダイヤモンドドレッサの移動量dLを掛けることにより、ドレッサの送り速度を求めることができます（**図3-5-5**）。

ドレッサの送り速度＝N×dL　…④

つまり、ドレッサの送り速度は次式で表すことができます。

ドレッサの送り速度＝N×K×do　…⑤

N：ドレッシング時の研削といしの回転数、K：ドレス係数、do：研削といしの砥粒径

ドレス係数の標準値は表に示す通りです。たとえば、粗研削では1程度で、中仕上げ研削では0.5程度、仕上げ研削では0.1～0.2程度です。ドレス係数1ということは、ドレスリードと砥粒径が同じになるということです。

式⑤からわかるように、ドレッサの送り速度は研削といしの回転数Nと研削といしの砥粒径do、そして、ドレス係数によって計算することができます。このような考え方をすることにより、使用する研削といしやドレッシング時の回転にかかわらず、安定したドレッシングを行うことができますし、研削加工の自動化にも役立ちます。なお、砥粒径doは粒度から知ることができます。なお、ダイヤモンドドレッサの先端が摩耗し、鈍化した状態では適正なドレッシングができません（**図3-5-6**参照）。ダイヤモンドドレッサの先端が摩耗した際には新しいものを購入するか、再研磨することになります。

図 3-5-4 砥粒径とドレス係数の関係

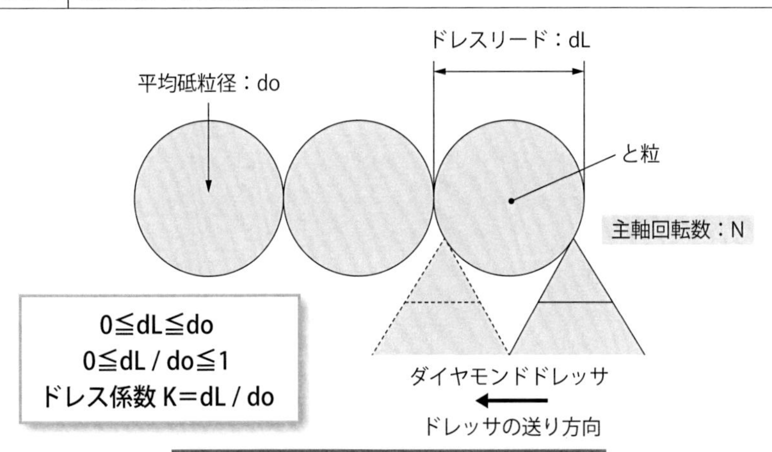

ドレス時の送り速度＝dL×N＝K×do×N

図 3-5-5 ドレス係数の目安

ドレス係数

粒度	仕上げ面粗さ (μm)	粗粒 (10～24)	中粒 (30～60)	微粒 (80～220)	超微粒 (240～800)
粗研削	50以下	1	1	—	—
中仕上げ研削	6以下	0.5～1	0.5～0.1	0.5～1	—
上仕上げ研削	1.5以下	0.2～0.5	0.2～0.5	0.2～0.5	0.5～1
精密研削	0.4以下	—	0.1～0.2	0.1～0.2	0.1～0.2
超精密研削	0.2以下	—	0.1～0.2	0.1～0.2	

ドレッサの送りは平均砥粒径よりも小さいことが大切！
ドレッサの送り / 平均砥粒径＝ドレス係数とすれば、
粗研削で1以下、精密研削で0.1～0.2である。

図 3-5-6 鋭利なドレッサと鈍化したドレッサによる目直しの違い成分

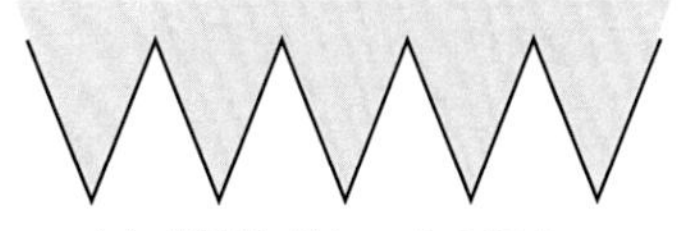

(a) 鋭利なドレッサの場合

(b) 鈍化したドレッサの場合

要点 ノート

研削加工は加工前に行う研削といしのコンディション調整が加工の良否を左右します。形直し、目直しをしっかり行うことが大切です。

6. 上向き削り（アップカット）と下向き削り（ダウンカット）

❶上向き削りと下向き削りとは？

フライス加工や研削加工では、切削工具が工作物を削り取る形態が「上向き削り（アップカット）」と「下向き削り（ダウンカット）」の2つあります。**図3-6-1**に、エンドミル加工における上向き削りと下向き削りの違いを模式的に示します。

図に示すように、エンドミル加工の場合、上向き削りは外周刃が仕上げ面から削りはじめ、工作物（またはエンドミル）の移動に比例して切削量が増加します。言い換えれば、上向き削りは外周刃が工作物に食い込む量がゼロからはじまり最大値になる加工法です。一方、下向き削りはエンドミルの外周刃が工作物の表面から削りはじめ、工作物（またはエンドミル）の移動に比例して切削量が減少します。言い換えれば、下向き削りは切れ刃が工作物に食い込む量が最大値からはじまりゼロになる加工法です。

図 3-6-1 エンドミル加工の上向き削りと下向き削りの模式図

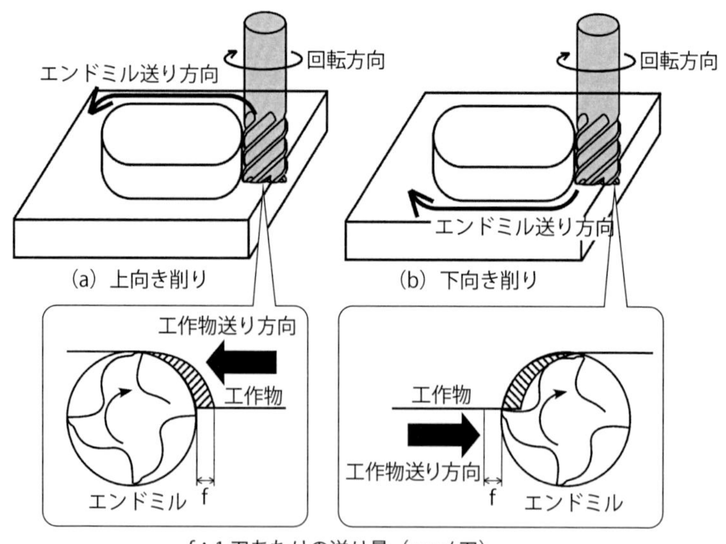

図 3-6-2 平面研削加工（プランジカット研削）の上向き削りと下向き削りの模式図

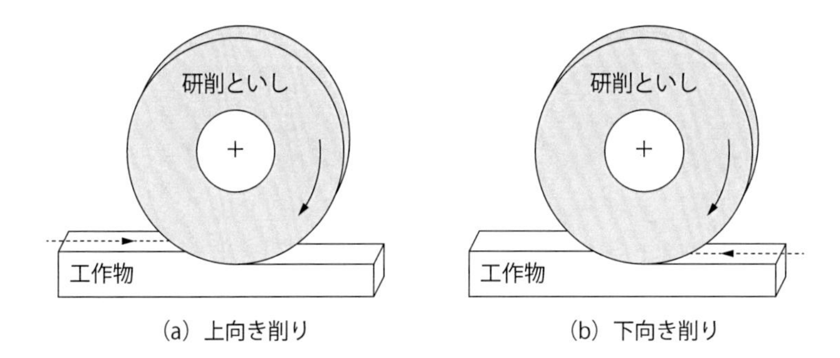

(a) 上向き削り　　(b) 下向き削り

❷上向き削りと下向き削りの特性

上向き削りでは外周刃が工作物に食い込む瞬間、仕上げ面に擦れます（上滑りが生じます）。このため外周刃が摩擦によって異常摩耗し、工具寿命が短くなります。一方、下向き削りでは外周刃は確実に材料に食い込むので異常摩耗は進行しません。つまり、工具寿命を優先する際には、上向き削りよりも下向き削りを選択するのがよいでしょう。ただし、黒皮がついた工作物や表面が硬い材料を削る場合には、下向き削りでは外周刃が材料の硬い表面から衝突するため、チッピングや欠けが生じることがあります。このような場合は上向き削りを選択するのがよいでしょう。正面フライスによる平面加工とエンドミルによる溝加工では、削り始め側が上向き削り、削り終わり側が下向き削りになり、上向き削りと下向き削りが合成した切削になります。

❸研削加工の上向き削りと下向き削り

図3-6-2に、横軸平面研削加工における上向き削りと下向き削りの模式図を示します。上向き削りは（a）に示すように、研削といしの回転方向と工作物の送り方向が向き合う研削で、下向き削りは（b）に示すように、研削といしの回転方向と工作物の送り方向が同じ方向になる研削です。

両端切込みのプランジカット研削やトラバースカット研削、バイアス研削では、上向き削りと下向き削りを繰り返しながら研削加工が進行するため、上向き削り、下向き削りをどちらか選択することはできません。

要点 ノート

正面フライスによる平面加工とエンドミルによる溝加工では、削り始め側が上向き削り、削り終わり側が下向き削りになり、上向き削りと下向き削りが混合した切削になります。

7. 突き出し長さとたわみ

❶バイトの場合

図3-7-1、**図3-7-2**に、角シャンクの外径切削バイトと丸シャンクの内径切削バイトにおける突き出し長さLとたわみ量δの関係を示します。切削時にバイトがたわむと寸法精度や仕上げ面精度の悪化（びびり）に繋がるため、バイトのたわみはできる限り抑制しなければいけません。バイトのたわみ量δは切削抵抗の主分力Fおよびバイトの突き出し長さLと密接な関係があり、両者の値から理論的に計算することができます。

図に示す式①、②から、バイトのたわみ量δは角シャンク、丸シャンクともに突き出し長さLの3乗に比例し、一方、シャンクの太さ（角シャンクの場合はシャンクの高さの3乗、丸シャンクの場合は外径の4乗）に反比例することがわかります。すなわち、バイトのたわみ量δは突き出し長さLが長くなるほど大きくなり、シャンクが太くなるほど小さくなります。たとえば、バイトの突き出し長さLを1/2にすればたわみ量δは1/8になります。バイトの突き出し長さLは実作業で不都合がない範囲で短くし、シャンクは太くすることが重要です。

次に、バイトのたわみ量δはシャンクの材質（材料）にも反比例します。ヤング率（縦弾性係数）は材料固有の値で、「外力に対する変形のしにくさを示す指標」です。つまり、ヤング率（縦弾性係数）の値が大きい材質（材料）ほど変形しにくく、値が小さい材質（材料）ほど変形しやすくなります。このことから、ヤング率の大きい材質をシャンクにするとシャンクのたわみ量δを抑

図 3-7-1　外径切削バイトの突き出し長さとたわみ量の関係

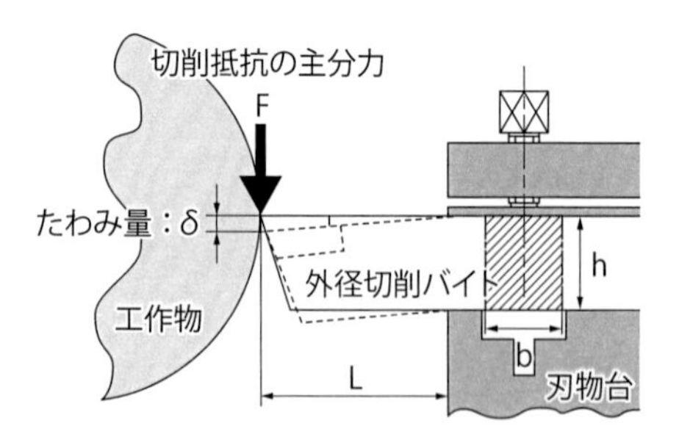

$$\delta = \frac{4 \times F \times L^3}{b \times h^3 \times E} \cdots ①$$

δ：バイトのたわみ量（mm）
F：切削抵抗の主分力（N）
L：突き出し長さ（mm）
E：ヤング率（MPa または N/mm^2）
b：シャンクの幅（mm）
h：シャンクの高さ（mm）

図 3-7-2 内径切削バイトの突き出し長さとたわみ量の関係

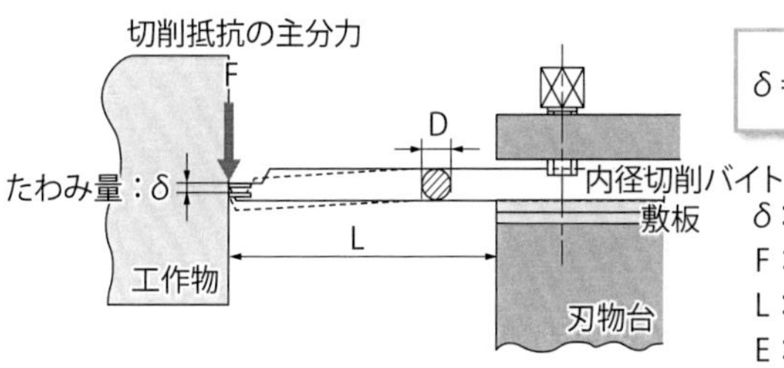

$$\delta = \frac{64 \times F \times L^3}{3 \times \pi \times D^4 \times E} \cdots ②$$

δ：バイトのたわみ量（mm）
F：切削抵抗の主分力（N）
L：突き出し長さ（mm）
E：ヤング率（MPa または N/mm²）
D：シャンクの外径（mm）

図 3-7-3 エンドミルの突き出し長さとたわみ量δの関係

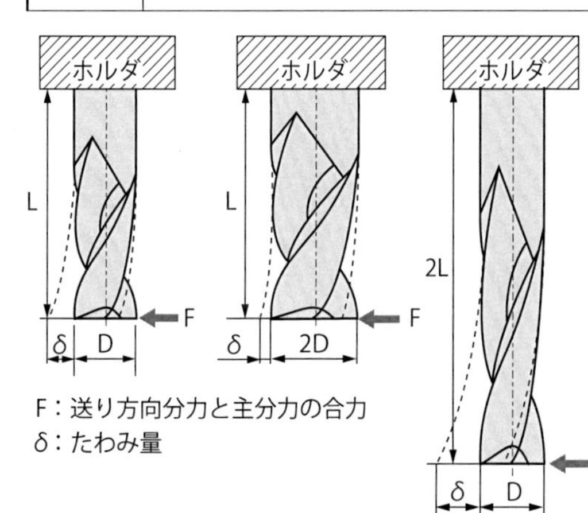

F：送り方向分力と主分力の合力
δ：たわみ量

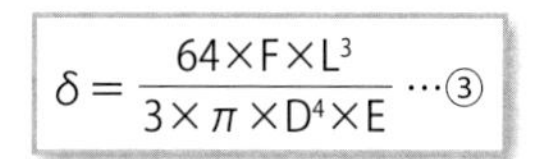

$$\delta = \frac{64 \times F \times L^3}{3 \times \pi \times D^4 \times E} \cdots ③$$

δ：エンドミルのたわみ量（mm）
F：切削抵抗（N）
L：突き出し長さ（mm）
E：ヤング率（MPa または N/mm²）
D：エンドミルの外径（mm）

制することができます。鋼材のヤング率は約210Gpaに対し、超硬合金のヤング率は約620Gpaで、鋼材の約3倍です。バイトのシャンク材質を鋼材から超硬合金に代えることで、バイトのたわみ量δを1/3にすることができます。

❷エンドミルの場合

図3-7-3に、各種エンドミルの突き出し長さLとたわみ量δの関係を模式的に示します。エンドミルもバイトと同様に、突き出し長さL（保持部からの長さ）が長くなるほどたわみやすくなります。一方、エンドミルの外径を大きくして太くすることにより、たわみにくくなります。エンドミルのたわみ量δは式③からわかるように、突き出し長さLの3乗に比例し、外径の4乗に反比例することがわかります。

要点 ノート

切削工具は「太く（外径を大きく）、短く（突き出し長さを短く）」が原則です。

8. 溶着、加工硬化、加工変質層

❶溶着

アルミニウム合金や軟鋼などを切削した場合、チップの先端に溶解した工作物の一部が付着することがあります。このような現象を「溶着」、付着物を「溶着物」といいます（図3-8-1）。溶着は「凝着」ともいいます。溶着物はチップ先端に強く付着し、疑似的に刃先として作用するため、本来の刃先に代わって新たな刃先が構成された状態になります。このように、溶着物が疑似的な刃先として作用する状態を「構成刃先」といいます。構成刃先の状態で切削を行うと、溶着物は組織の変形によって本来の硬さよりも硬くなっているため（加工硬化しているため）刃として作用することは可能ですが、そもそも工作物が溶融固化したものなので、工作物と工作物を押し付けている状態になり、良好な切削を行うことはできません。

良好な切削を行うためには溶着を発生させない（構成刃先の状態にさせない）ことが重要です。溶着が発生する主な原因は2つあり、1つ目は切削点温度が溶着発生しやすい温度であること、2つ目は刃部材質と工作物材料の親和性が良いこと（化学的に容易に結合しやすいこと）が挙げられます。つまり、溶着が消滅する温度（再結晶温度：金属材料の組織が本来の状態に戻り、加工硬化が消滅する温度）以上に切削点温度を高くすること、および刃の材質をサーメットやセラミックス、コーティング工具など工作物との親和性が低いものを使用することで溶着の発生を抑制できます。切削点温度を高くするためには、切削速度（回転数）を高くする、送り量および切込み深さを大きくすることが有効です。一方、切削点温度を低くすることも対策の1つで、切削油剤を供給し、すくい面の摩擦抵抗を減らすことも有効です。

❷加工変質層と残留応力

加工点（刃先と工作物が接触する点）は非常に高温高圧状態になり、切りくずは激しい変形を受け、切削点温度は800～1000℃に達します。このため、仕上げ面表層部は切削前の結晶組織と違った結晶組織になり、この変質した部分を「加工変質層」といいます。

加工変質層の発生は塑性変形や温度勾配、結晶の相転位などさまざまなメカ

図 3-8-1 溶着による主な悪影響

切りくず
脱落した溶着物
切削工具
溶着物
過剰切込み
工作物
脱落した溶着物
仕上げ面

溶着による主な悪影響

❶ 不連続な切りくずが発生し切削抵抗が絶えず変動する
そのため工作物の形状精度が悪くなる

❷ 溶着物は工作物そのものであり同じ材質同士で切削していることから、工作物の仕上げ面品位が悪くなる

❸ 溶着物は切れ刃に強く付着し大きく脱落した場合、切れ刃先端を欠損させることがある

図 3-8-2 残留応力と割れの影響

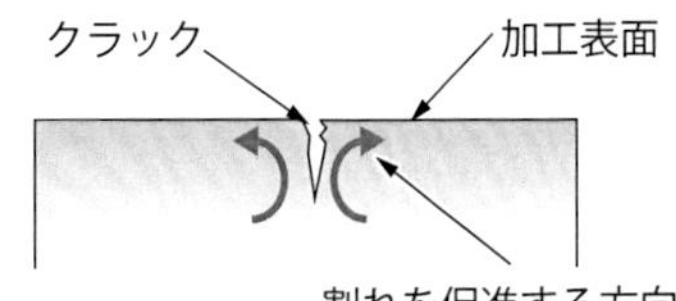

(a) 引張り残留応力

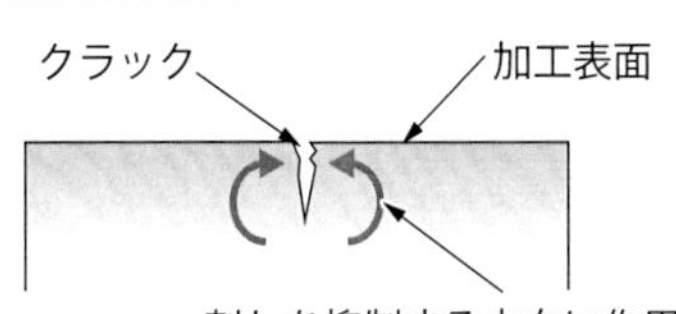

(b) 圧縮残留応力

ニズムに起因しします。

加工変質層は加工硬化や残留応力を生じており、形状および寸法精度、製品の経年変化、あるいは摩耗・疲労・腐食などによる製品寿命の低下に大きく影響します。したがって、機械加工では加工変質層をできるだけ薄く、また均一にする対策を考えなければなりません。残留応力の種類には引張りと圧縮があり、引張りが生じている場合には「割れ」を促進し、圧縮が生じている場合には「割れ」が抑制されます（**図3-8-2**）。このため、残留応力が圧縮になることが望ましいです。

一口メモ

現在、自動化のための機上測定が進化しており、形状測定・粗さ測定（プローブなどの接触測定・レーザ、CCDカメラなどの非接触測定）が導入されています。今のところ、非接触測定は接触式の測定精度に至っていないが、今後測定精度が向上すれば形状精度への要求は一層厳しくなります。研削焼けや残留応力測定（バルクハウゼン測定）が一般化される日も近いでしょう。

要点 ノート

薄肉の部品は加工変質層（残留応力）によって歪みやすくなります。残留応力は引張、圧縮と同様に、「応力の差」を小さくすることも肝要です。

9. 切削工具の摩耗と損傷

❶工具寿命

切削工具（切れ刃）は切りくず、工作物との摩擦、切削抵抗、切削熱などの要因によって次第に摩耗し、最後には切削不能になります。不良品を出さないためには、切れ刃が切削不能になる前に工具交換をしなければなりません。切削工具の使い始めから交換時期までを「工具寿命」といいます。工具寿命による工具交換時期を適切に判断し、不良品の発生を防ぎ、生産の効率をあげることが重要なポイントになります。

❷摩耗の種類

図3-9-1に、摩耗・損傷の代表例を示します。代表的な摩耗にはすくい面摩耗、逃げ面摩耗、境界摩耗の3種類があります。

①すくい面摩耗は高温の切りくずがすくい面を流出することによって、すくい面の成分が持ち去られ、すくい面上にくぼみが生じる摩耗です。切削熱が高く、粘りのある材料を削ったときに発生しやすくなります。

②逃げ面摩耗は切削時、逃げ面が工作物の回転方向に擦れることによって生じる摩耗です。切削熱が高く、硬さ材料を削ったときに発生しやすくなります。一般的には逃げ面摩耗幅が0.2または0.4 mmになるとチップ交換の目安といわれています。

③境界摩耗は逃げ面摩耗の一種で、工作物の表面が接触する個所に局所的に発生する摩耗です。境界摩耗は鋳物や表面部が加工硬化した材料（ステンレス鋼）などを削ったときに生じやすくなります。

❸摩耗の進行

図3-9-2に、逃げ面摩耗と寿命曲線を示します。図に示すように、通常、逃げ面摩耗は初期摩耗、定常摩耗、急激摩耗に分かれ、この曲線を「寿命曲線」と呼んでいます。

- **初期摩耗**：初期摩耗は鋭利な切れ刃の微細なチッピングが原因で、これによって切れ刃がなじみ、安定した切削が行われるようになります。
- **定常摩耗**：定常摩耗は切削時間の経過と共に摩耗が次第に進行していく過程で、比較的安定した切削が行われます。

図 3-9-1 摩耗と損傷の種類

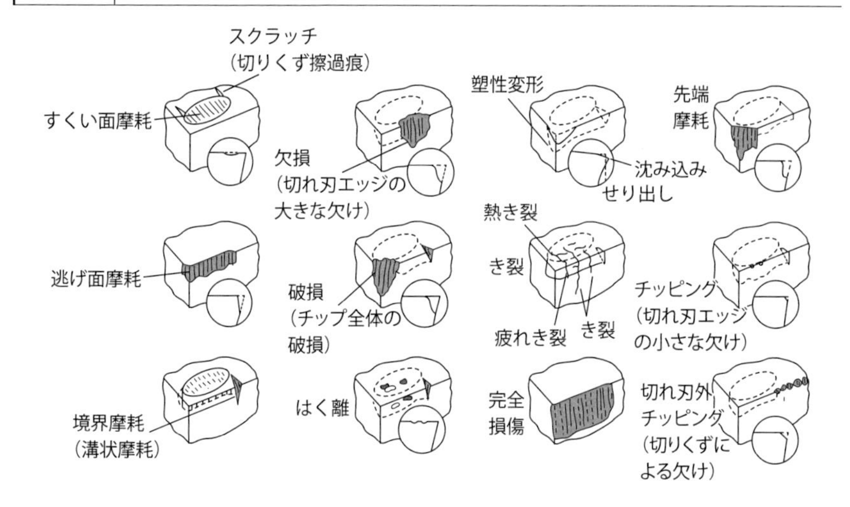

図 3-9-2 逃げ面摩耗と寿命曲線

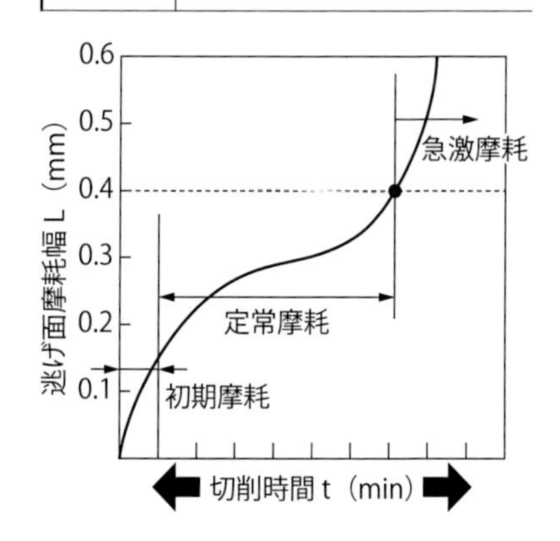

表 3-9-1 損傷の種類

欠損	衝撃に耐えられずチップの刃先が欠ける現象
チッピング	切れ刃稜線が微小に欠ける現象
フレーキング	刃先先端のすくい面が貝殻状に欠ける現象
塑性変形	切削熱により刃部が軟化し、刃先が押し曲げられる現象
熱き裂	膨張・収縮を短時間で繰り返すことでき裂が生じる現象
破損	チップが大きく破壊される現象。刃部の固定方法を見直す必要あり

・**急激摩耗**：急激摩耗は逃げ面の摩耗幅がある限界を過ぎると、急激に摩耗が進行する状態で、切削不能になります。

❹損傷の種類

損傷は主として、欠損、チッピング、はく離、塑性変形、熱亀裂、破損などがあり、おおむね切削初期に生じます（**表3-9-1**）。

要点 ノート

機械加工は母性原理に従うため、切削工具の刃先の形状を保つためにもできる限り摩耗を抑制することが大切です。

10. 切削抵抗とびびりの関係

❶びびりの発生原因

機械加工時の不変の課題に「びびり」があります。びびりは振動の一種です。振動は加振力（力）に起因して発生するものであり、加振力（力）がなければ振動は発生しません。つまり、びびりが発生する主因は加振力、言い換えれば、切削抵抗になります。振動は加振力の大きさに比例し、主として、加振力の方向と同じ方向に発生します。すなわち、びびりは切削抵抗の大きさに比例し、切削抵抗の方向に発生するといえます。切削抵抗は**図3-10-1**に示すように3つの方向に分解することができます。以下では、旋盤加工の外径切削を例に、切削抵抗の3分力が仕上げ面粗さに与える影響について説明し、この観点から、びびりについて概説します。

❷びびりと表面粗さ

図3-10-2に、切削中、まったく振動が発生しない場合に、旋盤加工で得られる仕上げ面粗さの概念図を示します。なお、ここでは振動が仕上げ面粗さに及ぼす影響のみを考えるため、工具摩耗や削り残しなどが仕上げ面粗さに与える影響は無視します。図から、切削中、まったく振動が発生しない場合に得られる仕上げ面粗さは切れ刃先端（コーナ半径）がバイトの送り量（mm/rev）に従い工作物に転写され、規則的な凹凸形状になることがわかります。このような仕上げ面粗さが理想的な仕上げ面の性状といえます。

図3-10-3に、切削中、切削抵抗の送り分力に起因して、送り分力方向に振動がある場合に得られる仕上げ面粗さの概念図を示します。図に示すように、切削中、送り方向に振動が発生した場合には、この振動により実務上の送り量が微小に変動するため、仕上げ面に生成される凹凸が若干不規則になることがわかります。

図3-10-4（118頁）に、切削中、切削抵抗の主分力に起因して、主分力方向に振動がある場合に得られる仕上げ面粗さの概念図を示します。図に示すように、切削中、主分力方向に振動が発生した場合には、振動により実務上の切込み深さが微小に変動するため、仕上げ面に生成される凹凸が幾分不規則になることがわかります。

図 3-10-1 旋盤加工の外径切削における切削抵抗の3分力

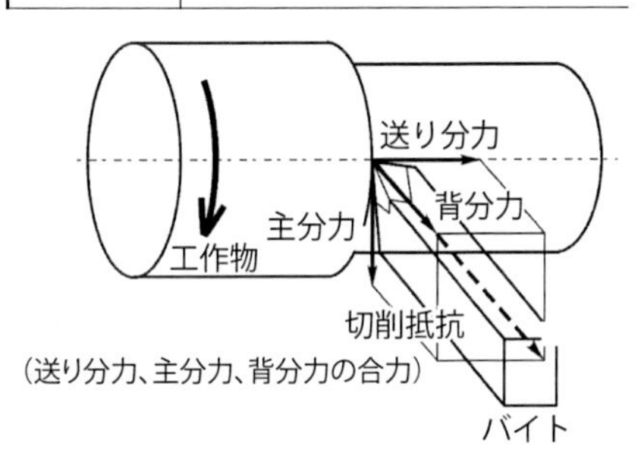

図 3-10-2 切削中、振動がまったく発生しない場合に得られる仕上げ面粗さの概念図

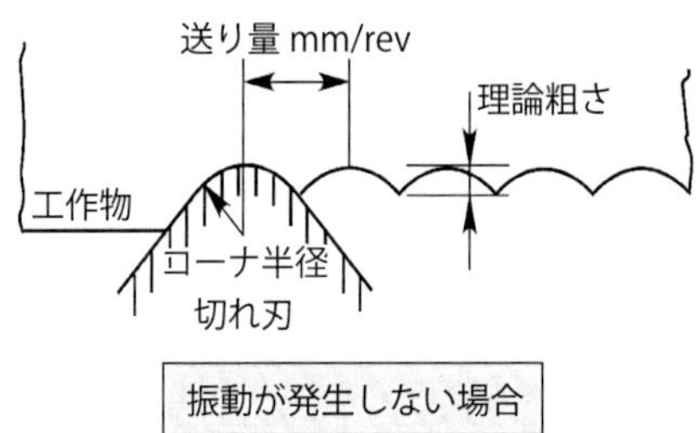

図 3-10-3 切削中、送り分力方向に振動がある場合に得られる仕上げ面粗さの概念図

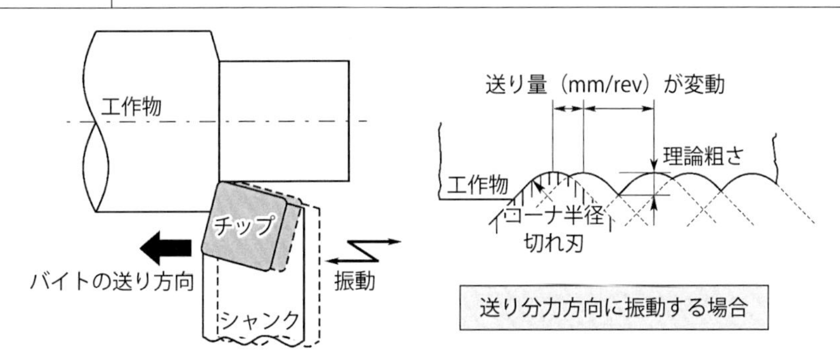

次頁の**図3-10-5**に、切削中、切削抵抗の背分力に起因して、背分力方向に振動がある場合に得られる仕上げ面粗さの概念図を示します。図に示すように、切削中、背分力方向に振動が発生した場合には、振動により実務上の切込み深さが大きく変動するため、仕上げ面に生成される凹凸が極端に不規則になることがわかります。

❸表面粗さにもっとも影響する振動方向

切削抵抗の3分力(送り分力、主分力、背分力)のそれぞれに起因した振動が仕上げ面粗さに与える影響を確認すると、背分力に起因する振動は送り分力、主分力に起因する振動に比べて、仕上げ面粗さに及ぼす影響が大きいことがわかります。送り分力、主分力に起因する振動は切込み方向とは異なる方向に振動するため、振動の振幅(大きさ)が仕上げ面粗さに間接的に影響する一方で、背分力に起因する振動は切込み方向と同じ方向に振動するため、振動の振幅(大きさ)が仕上げ面粗さに直接影響します。したがって、背分力方向の

図 3-10-4　切削中、主分力方向に振動がある場合に得られる仕上げ面粗さの概念図

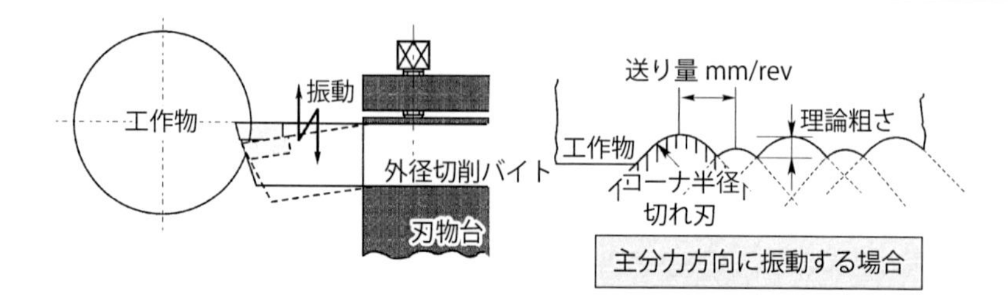

図 3-10-5　切削中、背分力方向に振動がある場合に得られる仕上げ面粗さの概念図

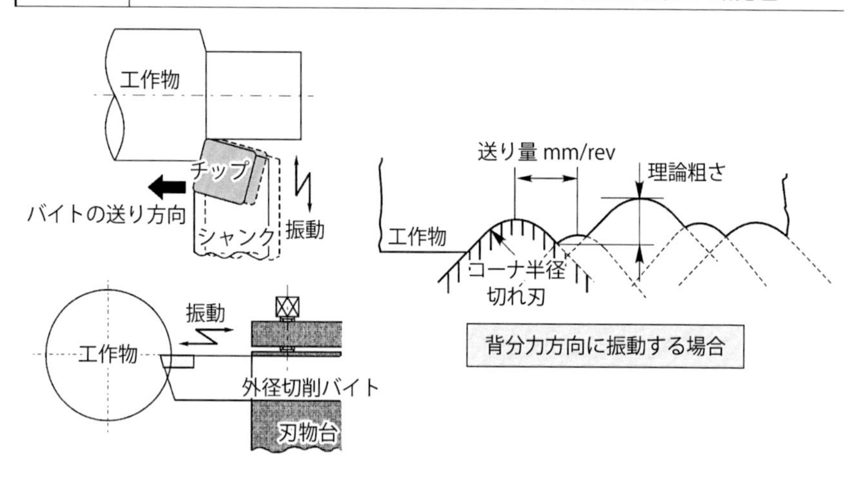

振動は送り分力方向、主分力方向の振動に比べ、仕上げ面粗さに与える影響が大きくなります。

以上を総括すると、切削中、びびり（振動）が発生した場合、仕上げ面に発生するびびり痕（仕上げ面粗さの不規則性）のもっとも大きな主因は背分力に起因する振動ということになります。言い換えれば、背分力を小さくする（制御する）ことができれば、びびりを小さくする（制御する）ことができることになります。

要点 ノート

切れ刃が工作物に食い込まず、びびりが発生するといわれることがありますが、この加工現象は背分力によるびびり現象です。背分力をコントロールすることで、びびりを抑制します。

【 第4章 】

最新工作機械と機械加工を助ける技術

1. 5軸制御マシニングセンタ（多軸制御工作機械）

❶ワンチャッキング加工

工業製品は時代とともに高機能化し、構造部品に求められる加工精度は一層高くなっています。また、工業製品は低コスト化によって構造部品の点数が少なくなっているため、1つの部品の形状は複雑化しています。工作機械の多軸化は複雑な形状を1回のチャッキング（ワンチャッキング）で加工できるため、高精度・低コスト化に有効です。JISでは制御軸が5軸以上の工作機械を「多軸制御工作機械」と定義し、その代表例が「5軸マシニングセンタ（**図4-1-1**）」です。

❷5軸の構成

図4-1-2に、5軸の構成を示します。5軸マシニングセンタはX軸、Y軸、Z軸（3軸）の直線運動に加えて、2軸の回転運動軸を備えていおり、構造は主として（a）主軸が傾斜・回転するタイプ、（b）テーブルが回転・傾斜するタイプ、（c）主軸が傾斜し、テーブルが回転するタイプの3種類があります。

（a）主軸が傾斜・回転するタイプは小型のものに採用されており、工作物を傾けないため、工作物が自重でたわむことなく、重量物でも加工できることが利点ですが、主軸の運動軸が増えるため、剛性が低く、負荷の大きい加工はできません。

（b）テーブルが回転・傾斜するタイプは大型のものに採用されており、工作物が傾斜するため、視認性に優れ、切りくずが工作物に溜まりにくいことが利点ですが、傾斜軸のモーメントに制限があるため、重量物の加工はできません。

（c）主軸が傾斜し、テーブルが回転するタイプは横形（横軸）マシニングセンタに採用されています。

❸割り出しと同時

5軸マシニングセンタの回転軸の使い方には主として2つあり、①加工前に角度を決めて（位置決めして）、加工時は直線運動の3軸だけで加工する「割り出し5軸加工（**図4-1-3**）」と、②直線運動3軸と回転運動2軸を同時に動かして加工する「同時5軸加工」です。

図 4-1-1 5軸制御マシニングセンタ

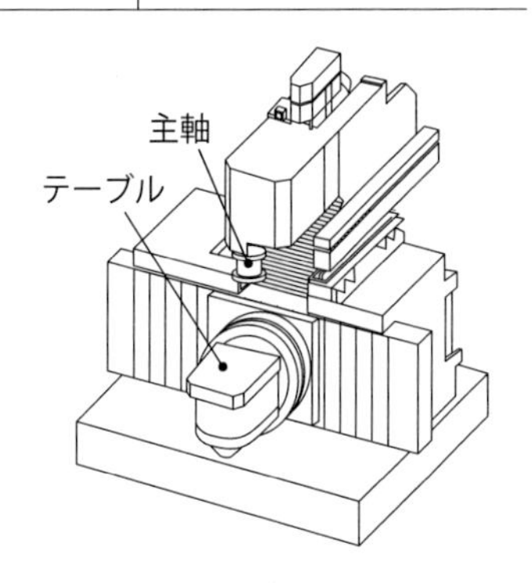

図 4-1-2 5軸の構成

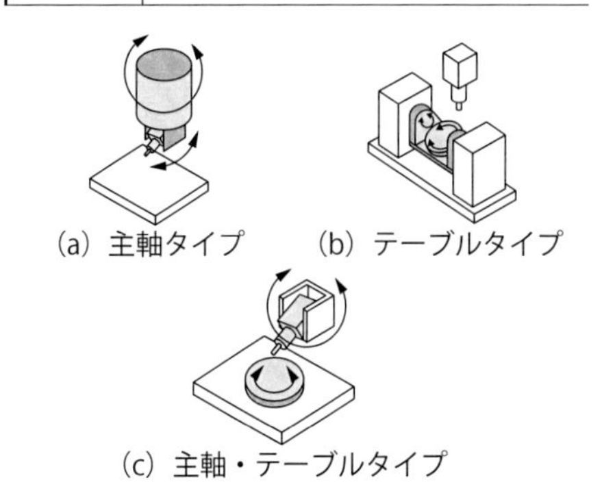

図 4-1-3 割り出し5軸加工の模式図（一例）

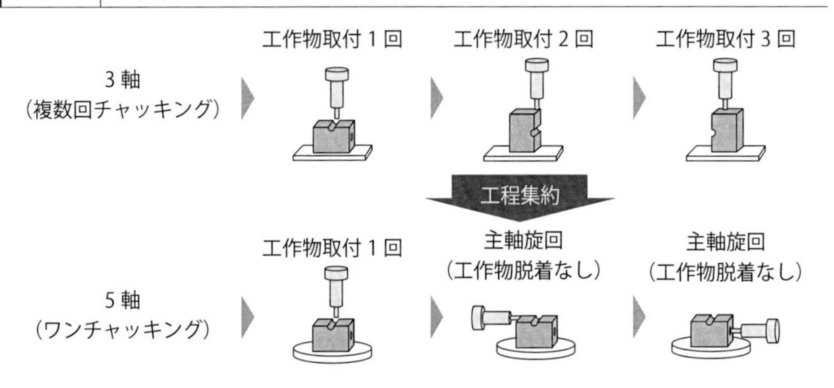

①割り出し5軸加工は主軸または工作物を必要な角度に傾斜・回転させることができるため、1回の段取り（ワーク固定）で加工でき、②同時5軸加工は5軸が同時に動くことで柔軟な形状の加工を行うことができます。同時5軸加工はNCプログラムが複雑になるため、CAM機能の充実が必須です。

❹5軸（多軸）制御の欠点

5軸マシニングセンタは利点も多いですが、制御軸が多く構造が複雑になるため剛性が低いこと、加工中、切削工具が工作物と接触する位置や面積が変化するため、切削抵抗が変動し、加工精度や仕上げ面粗さが低下しやすいことなどの課題を有しています。5軸マシニングセンタの性能を発揮し、使いこなすためには母性原理に基づく一定のノウハウが必要です。

要点 ノート

複雑形状部品の加工精度向上にはワンチャッキング加工が優位ですが、多軸制御を使いこなすには母性原理に基づく一定のノウハウが必要です。

2. パラレルリンク形マシニングセンタ

❶シリアルリンク

パラレルリンクは産業用ロボットハンドの運動機構の種類を示す言葉です。ロボットハンドは先端にモノを掴むための出力部（ハンド）があり、ハンドを操作するリンク（アーム）がジョイント（関節）を介して伸縮・回転して動くものが多いです。人間の体に例えると、肘や肩など自由に曲がる部分がジョイント、ジョイントを繋ぐ骨がリンクになります（**図4-2-1**）。関節（ジョイント）を動かしてアーム（リンク）で作業をするという原理はロボットも人間も同じです。

図4-2-2に、代表的なロボットハンドの機構を示します。たとえば、(a) 直角座標形はゲームセンターのクレーンゲームで見られます。また、(b) 垂直多関節形は自動車の溶接作業で実用化されています。さらに、(c) 水平多関節形は半導体工場などでウェハや部品の搬送、組み立て作業に使用されています。ロボットハンドの機構はこれらの他にもいろいろなものがありますが、特徴はアーム（入力部）とハンド（出力部）が「直列」に繋がっていることです。このようなタイプを「シリアルリンク（メカニズム）」といいます。人間は関節（肩、肘、手首）が直列に並んでいるのでシリアルリンクです。

❷パラレルリンク

図4-2-3のように、アーム（入力部）と先端部（出力部）が「並列」に繋がっている運動機構を「パラレルリンク（メカニズム）」といいます。パラレルリンクは各関節が出力部の先端を直接制御するため運動速度が速いこと、外力に対する出力部の変形が小さく、剛性が高いこと、各関節の力が合成されるため出力が高いことが利点ですが、可動範囲が狭いことが欠点です。パラレルリンクを用いたロボットハンドはベルトコンベアで流れる食品の整列や選定を行うロボットに利用されています。

❸パラレルリンク形マシニングセンタ

構造部品の高精度化・複雑形状化によって、パラレルリンクを採用しているマシニングセンタがあります。このマシニングセンタは6本のアーム（ストラット：脚という場合もあります）を独立に制御することで6自由度が得ら

図 4-2-1 ジョイント（関節）とリンク（アーム）

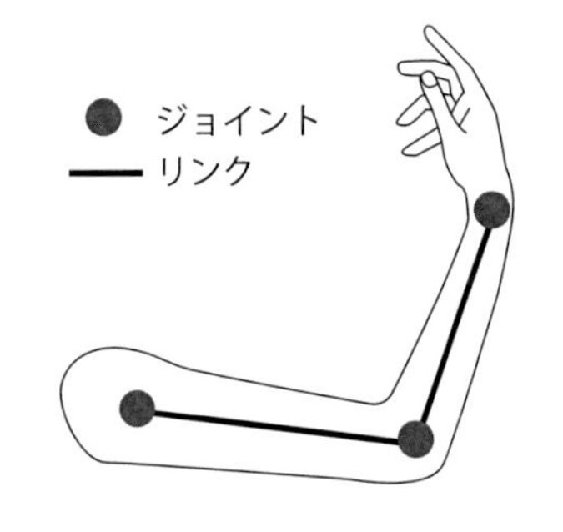

図 4-2-3 パラレルリンク形マシニングセンタ（主軸部）

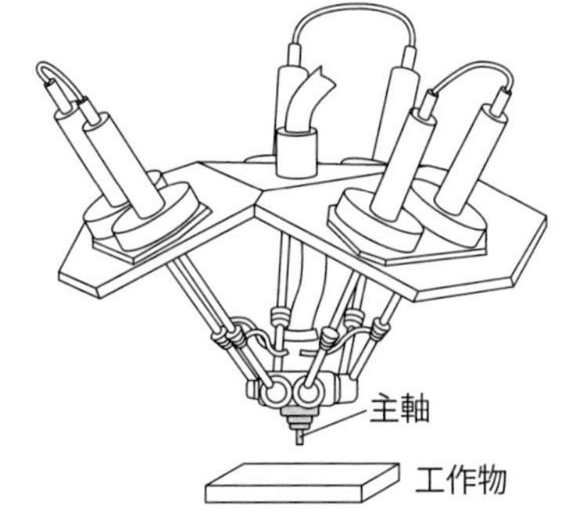

図 4-2-2 ロボットハンド（シリアルリンク）の構造

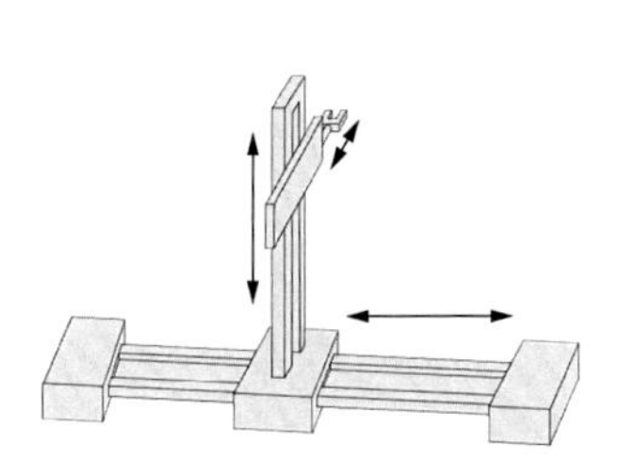

(a) 直角座標形

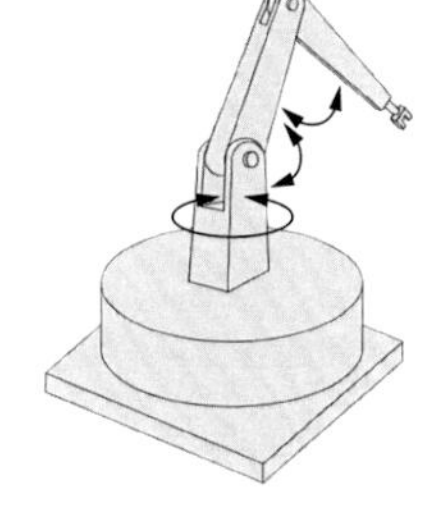

(b) 垂直多関節形

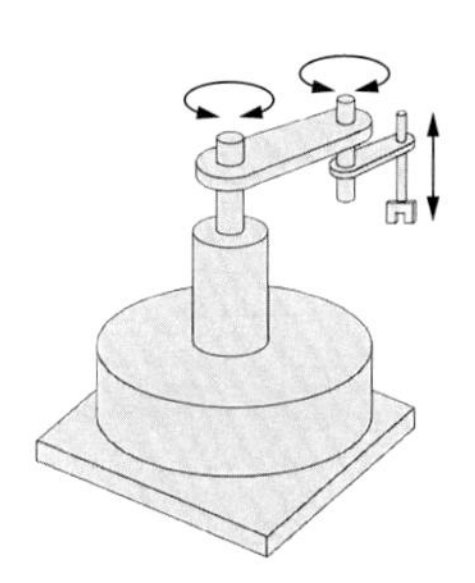

(c) 水平多関節形

れ、滑らかな形状の加工ができます。また、従来の工作機械のように、テーブル上に置かれた工作物を削るという概念ではなく、機外の工作物を削ることもできます。しかし、現状では主軸など自重によって変形しやすく、切削抵抗に耐え得る十分な剛性が得られにくいため、通常のマシニングセンタよりも加工精度が低くなりやすいという基本的な課題があります。ただし今後、要素技術やAI技術の向上によりこれらの問題は解決されると思われ、近い将来は普及しているかもしれません。

一口メモ

パラレルリンク機構によるマシニングセンタは加工単位が小さい微細加工機として市販され、実用化されています。

要点 ノート

パラレルリンク形マシニングセンタは次世代の工作機械です。オーダーメイドで軽薄短小な医療部品などの加工に適用されることが望まれます。

3. スカイビング加工機

❶歯車の新しい加工法

歯車はおもちゃや時計、自動車、船舶、発電機などいろいろなものに使用されている重要な機械要素部品の1つです。工業製品に使用される歯車には高伝達率化や軽量化、静寂性が求められており、加工精度および加工能率の向上が望まれています。

従来、歯車加工は主として、外歯車を加工するホブ加工（**図4-3-1**）、内歯車を加工するブローチ加工（**図4-3-2**）、外歯車・内歯車の両方を加工できるギアシェーパ加工（**図4-3-3**）が主流でしたが、近年では「スカイビング加工（**図4-3-4**）」が注目されています。

❷スカイビング加工

スカイビング加工はスカイビングカッタ（専用切削工具）を使用して、カッタの軸と工作物の軸が交わらず、平行でない状態で、主軸と工作物の回転を同期させ、歯溝を加工する方法です。切削工具（切れ刃）が歯溝を少しづつ、薄く、そぎ落として加工するため、そぎ落とす（Skive）という意味からスカイビング加工と呼ばれています。

スカイビング加工はピニオンカッタを用いたホブ加工（連続切削）ということができ、ピニオンカッタを往復運動させた加工（ギアシェーパ加工）よりも衝撃が少ない加工法です。また、スカイビング加工はギアシェーパ加工のように切削工具を往復運動させて加工させるのではなく、回転運動で加工するため加工時間を10倍程度短縮することができます。

❸スカイビング加工は新しくない

スカイビング加工はWilhelm von pittelerによって考案され、1912年にドイツで特許が取得されている比較的古い加工法です。1970年頃に欧州でスカイビング加工機が販売されましたが、当時は工作機械の剛性や制御と機械の運動誤差、スカイビングカッタの工具寿命が短い（切削中にすくい角が変化し、切削条件によってはマイナスになることもあり、刃先への負担が大きくなる）など種々の問題があり普及しませんでした。しかし近年、工作機械の要素技術およびNC制御の進化（主軸回転とテーブル運動の同期）、工具製造の進歩、シ

図 4-3-1 ホブ加工

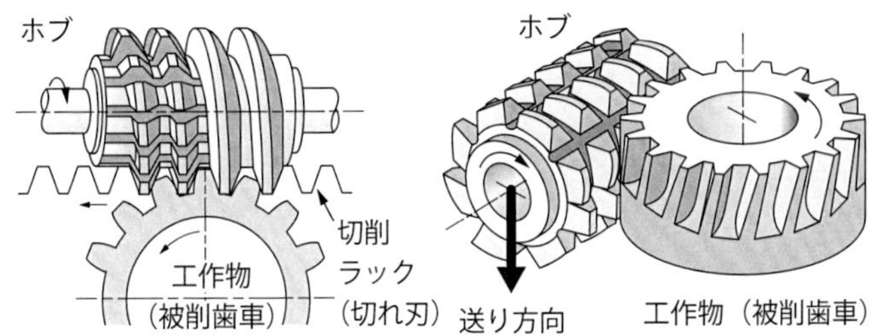

図 4-3-2 ブローチ加工

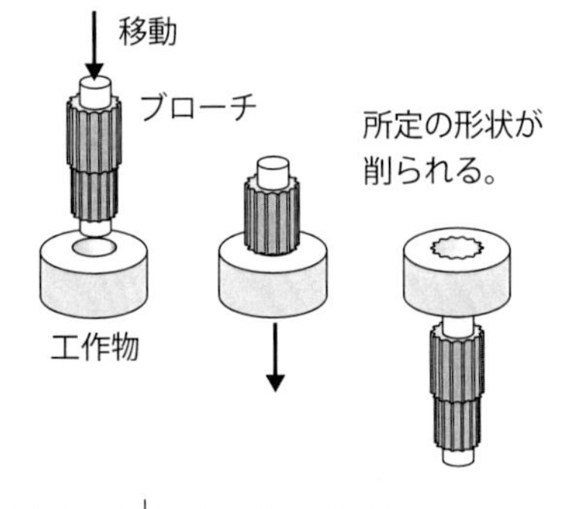

図 4-3-3 ギアシェーパ加工

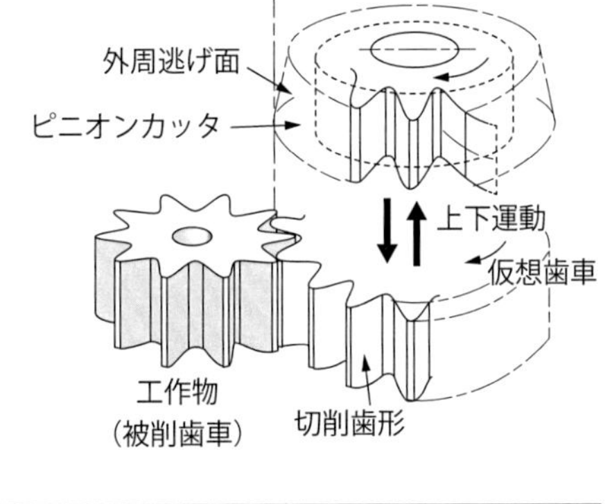

図 4-3-4 スカイビング加工

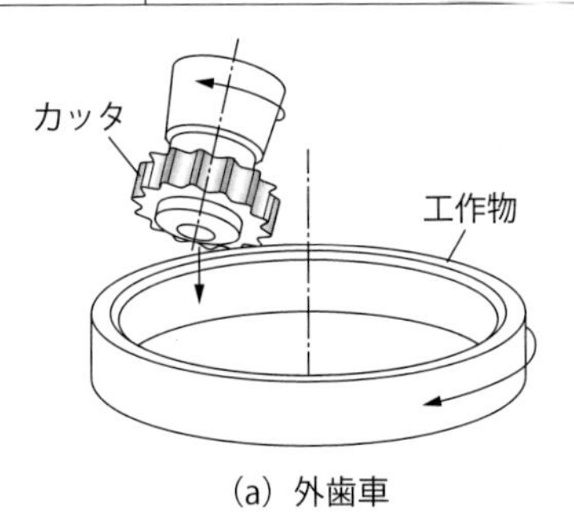

(a) 外歯車

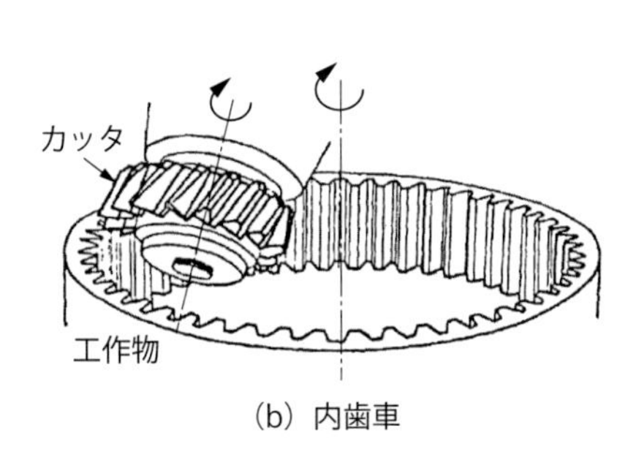

(b) 内歯車

ミュレーション技術の向上により、スカイビング加工の加工精度が向上し、再び注目されています。スカイビング加工は工具寿命が外歯車が内歯車より短いため今後の改良が期待されます。

要点 ノート

従来歯車はホブやギアシェーパなどの専用工作機械が必要でしたが、複合加工機によるスカイビング加工を行うことで工程集約でき、歯車生産を大きく変えることができます。

4. 旋盤ベース複合加工機

❶複合加工機とは

複合加工機は2つ以上の機能を備えた工作機械の総称で、たとえば、旋盤（NC旋盤）にフライス盤（マシニングセンタ）が持つミーリングの機能を取り付け、旋削とミーリングの両方の機能を備えた工作機械を「旋盤ベース複合加工機（図4-4-1）」といいます。その他、近年では金属積層造形とミーリングを組み合わせたものやレーザ加工と旋削加工を組み合わせたものなど、いろいろな複合加工機が開発されています。

❷複合加工機の利点と欠点

従来は加工する形状に合わせて複数の工作機械が必要（たとえば、NC旋盤とマシニングセンタの両方が必要）でしたが、複合加工機では複数の機能（図4-4-2の場合は旋削とミーリング）を備えるため1台で完結させることができ、工程集約や省スペース、省エネを実現できます。また、ワンチャッキングで加工できるため加工精度の向上や材料の搬送が必要なくなり自動化・無人化、長時間運転にも寄与します。一方、複合加工機は切削工具同士の干渉に注意する必要があること、切削工具の干渉によって加工領域が狭くなること、加工後は工作物のバランスが崩れるため加工工程に制約があること、機械本体の構造が複雑になるため機械本体の熱変位が加工精度へ影響を及ぼしやすいことなどが欠点といえます。

❸機能の複合化

近年、旋盤ベース複合加工機で注目される加工法に、ターンミーリングやスピニング加工と呼ばれる加工があります。ターンミーリングはエンドミルを使って丸棒の外径切削を行う加工で、スピニング加工は丸駒のチップを回転させながら外径切削を行う加工です。両者とも原理は同じです。

従来、NC旋盤では単刃の切削工具で外径切削を行うため、刃先に切削熱が溜まりやすく、工具寿命が短くなることが課題でした。そこで、エンドミルや丸駒のチップを回転させながら外径切削を行うことにより、加工熱が分散され、工具寿命が長くなります。ターンミーリング（図4-4-3）やスピニング加工（図4-4-4）はステンレス鋼やニッケル合金といった耐熱合金などの、熱伝

図 4-4-1 旋盤ベース複合加工機の模式図

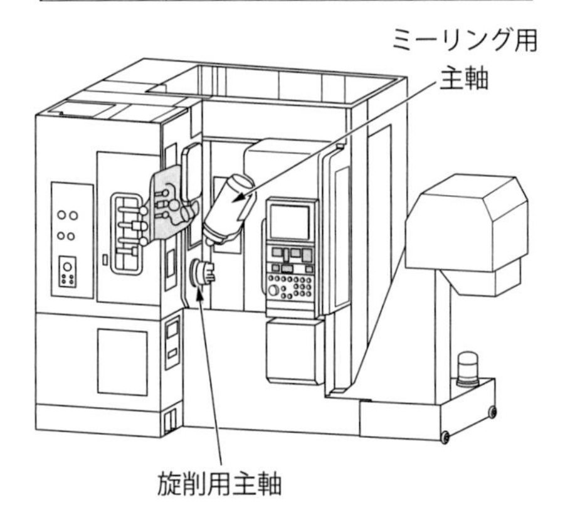

図 4-4-2 旋盤ベース複合加工機の構造

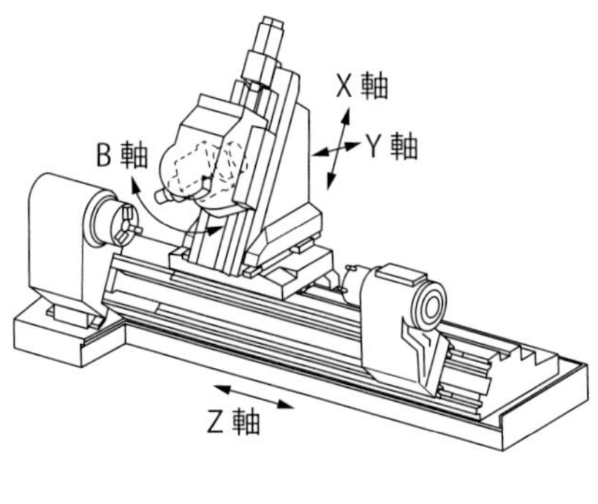

図 4-4-3 ターンミーリング

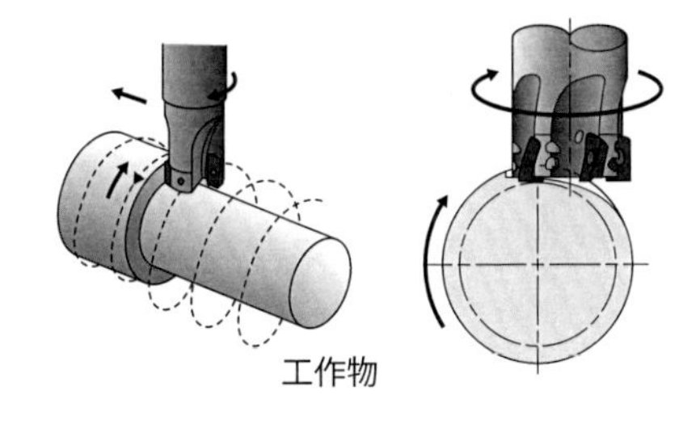

図 4-4-4 スピニング加工

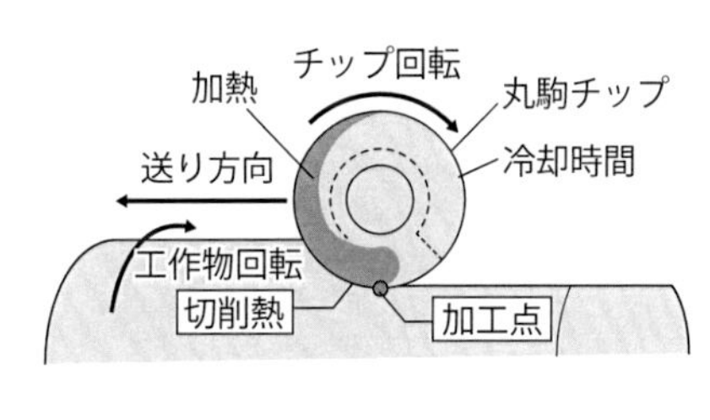

導率が低く、切削熱が高くなりやすい工作物の荒加工に有効な加工法として注目されています。

また、旋盤ベース複合加工機では工具主軸にホブを取り付け、丸棒外径に外歯車を加工するスカイビング加工や、研削といしを取り付け、タービンブレードを研削加工する例、放電加工を融合した例なども報告されています。

一口メモ

複合加工機は「タレット式のNC旋盤をベースに、ミーリングなどの二次加工（追加工）ができる機能を搭載したタイプ」と「マシニングセンタをベースに、旋削加工などの二次加工ができる機能を搭載したタイプ」に大別されます。

要点 ノート

機能の複合化は今後の工作機械のトレンドになります。これからのオペレータはいろいろな加工法を知る多能工の知識が必要になるでしょう。

5. グラインディングセンタ

❶研削加工の集約化

工作機械を使った加工法は「切削、研削、研磨」の3つに大別されます。切削は切削工具を使用して工作物を削る加工法、研削は研削といしを使用して工作物を削る加工法、研磨は遊離砥粒を使用して工作物を削る加工法です。それぞれの加工方法を日常生活に置き換えると、切削はリンゴの皮むき、研削は歯医者さんが行う治療、研磨は鏡磨き、歯磨きに例えられます。

研削加工は切削加工よりもきれいな仕上げ面が得られ、高い寸法精度が得られることが特徴です。**図4-5-1**に示すように、従来、研削加工は平面研削・円筒研削・内面研削・工具研削・歯車研削・溝研削など加工部位や加工形状によって細分化され、それぞれ独自の技術として進化してきました。しかし、工業製品の高機能化にともない製品形状が複雑化し、同時に低価格競争によるコストダウンが必須になり、研削加工も工程集約が望まれるようになりました。そこで開発されたのが**図4-5-2**に示す「グラインディングセンタ」です。

❷グラインディングセンタの利点

グラインディングセンタの利点は①工程集約ができ多彩な形状を加工できること、②セラミックスやガラス、焼入れ鋼など硬い材料を削れること、③自動化できることの3つです。グラインディングセンタの基本構造はマシニングセンタとほぼ同じですが、研削加工機特有の装備と工夫が必要です。**図4-5-3**に、グラインディングセンタの基本構造の例を示します。

❸グラインディングセンタが具備すべき条件

グラインディングセンタが具備すべき装備としては、①高速回転で高剛性な主軸、②主軸の回転精度が高いこと、②テーブルなど運動精度が高いこと、③主軸および案内面への防塵・防錆対策、④高圧クーラント、⑤環境対策の5つです。

研削加工は加工単位が切削加工に比べて小さいため、主軸の回転精度はきわめて優れていることが求められます。そして、加工単位が小さいことに起因して切りくずは粉状になり、研削といしから脱落したと粒も微細であるため主軸やテーブルの案内面に侵入しやすくなります。また、研削といしは切削工具よりも切れ味が悪く、研削時に発生する加工熱が高くなるため、冷却を目的とし

図 4-5-1 研削加工の種類

図 4-5-2 グラインディングセンタ
(Mägerle AG Maschinenfabrik)

図 4-5-3 グラインディングセンタの基本構造（一例）

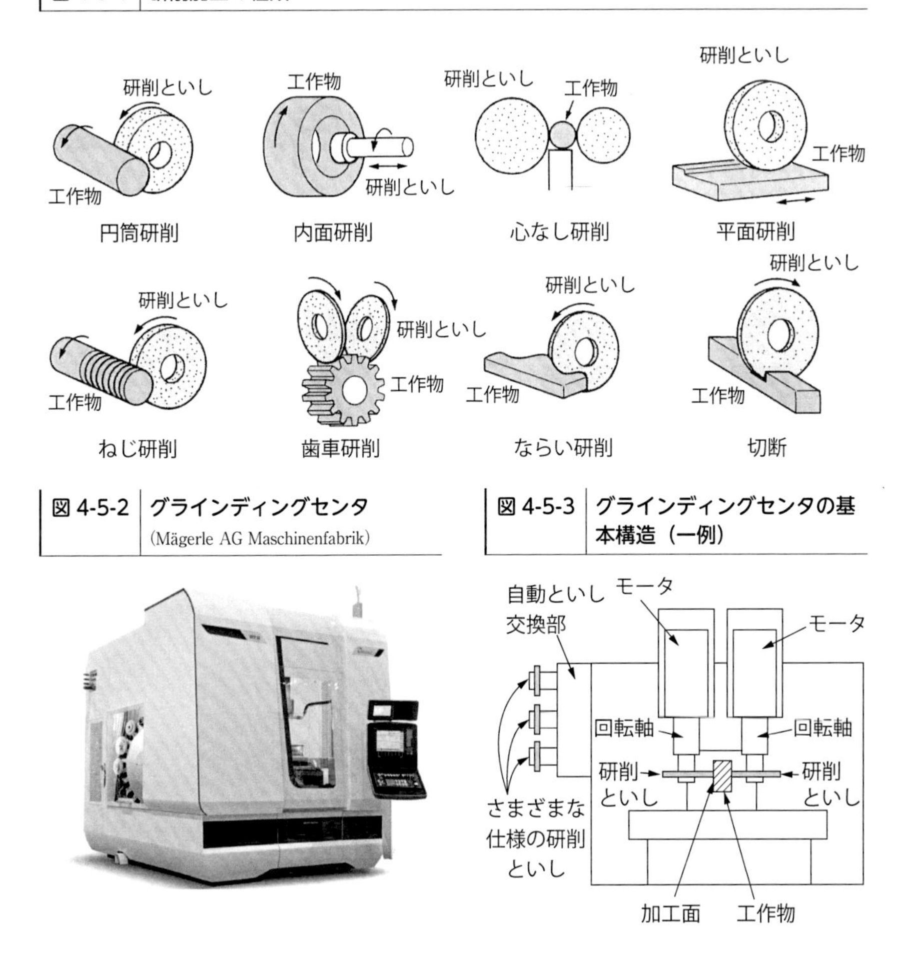

て高圧クーラントが必要です。このためグラインディングセンタでは主軸および案内面へ切りくず、脱落と粒、研削油剤が進入しないよう防塵・防錆対策が必須となります。さらに、研削熱により温度が上昇した研削油剤が直接ベッドに掛からないよう構造的工夫も重要です。

グラインディングセンタが今後普及するには研削加工用CAM、研削油剤の供給方法、チャッキング装置、計測装置などの開発も必要です。

要点 ノート

グラインディングセンタは高機能性を有したセラミックスなど硬脆材料の加工に多用されています。

6. インクリメンタルフォーミング（マシニングセンタを使った塑性加工）

❶弾性と塑性

金属材料は「弾性と塑性」という2つの性質を持ちます。弾性は力を加えると変形し、力を取り除くと元の形状に戻る性質で、塑性は力を加えて変形させた後、力を取り除いても元の形状に戻らない性質をいいます。そして、塑性の性質を利用して形状をつくる加工を「塑性加工」といい、プレス加工、曲げ加工、絞り加工はその代表例です。

❷加工原理

通常、マシニングセンタは回転する切削工具で材料を除去して形状をつくる工作機械ですが、マシニングセンタを使って塑性加工を行う「逐次成形法（インクリメンタルフォーミング）」という加工法があります。**図4-6-1**に逐次成形法の概略を、**図4-6-2**に加工形態を示します。逐次成形法は1990年代に日本で提案された成形加工技術で、具体的な加工手順は図に示すように、主軸に高速度工具鋼製または超硬合金製の棒状工具を取り付け、テーブルには薄板を取り付けます。そして、主軸とテーブルを運動させることにより、棒状工具を薄板に押し付けながら薄板を引き伸ばし、目的の形状をつくる加工法です。加工原理は鍛金（**図4-6-3**）と同じです（張り出し成形）。薄板にへらを押し付けて3次元形状をつくる加工法（へら絞り加工、**図4-6-4**）は加工部の周囲からの材料の流れ込みがあるため板厚減少だけに頼らない加工法（絞り成形）なので、外観的には似ていますが加工原理は異なります。

❸金型が不要

逐次成形法は主軸とテーブルの両方が運動するため動きが複雑になります。このためCAD/CAMを使って成形する形状と成形プログラム（NCプログラム）を作成します。従来、金属薄板の成形加工では金型を使用したプレス加工が主流ですが、金型をつくるためには費用と時間を要するため少量生産や試作開発に対応できませんでした。ニーズの多様化とモデルチェンジの短期化が進んでいる現在では、多品種少量生産や試作用成形品の要求が多く、逐次成形法は金型を必要とせず所望の形状に成形できることから注目され、ノートPCやデジタルカメラ、自動車のボディのサンプルモデル作成に使用されています。

図 4-6-1 マシニングセンタを使った逐次成形法の概略図

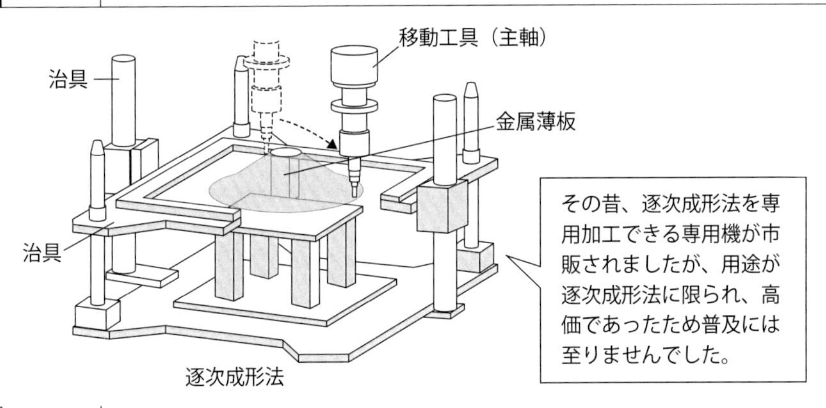

図 4-6-2 逐次成形法の加工形態

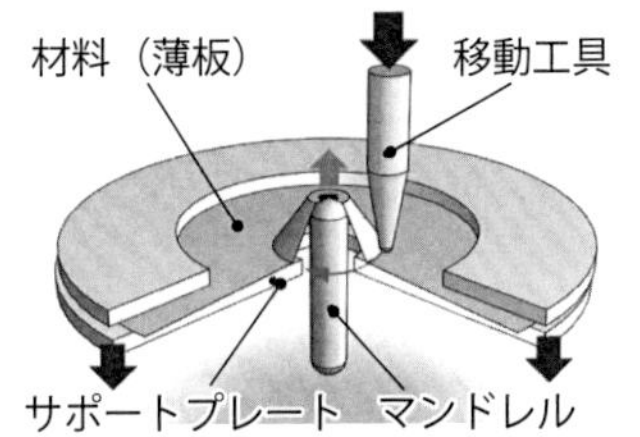

(a) 材料を工具方向へ張り出す方法

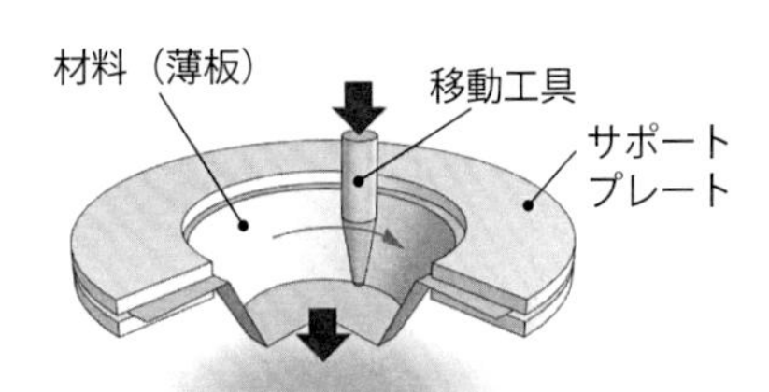

(b) 材料を工具と反対方向へ張り出す方法

図 4-6-3 鍛金（イメージ）

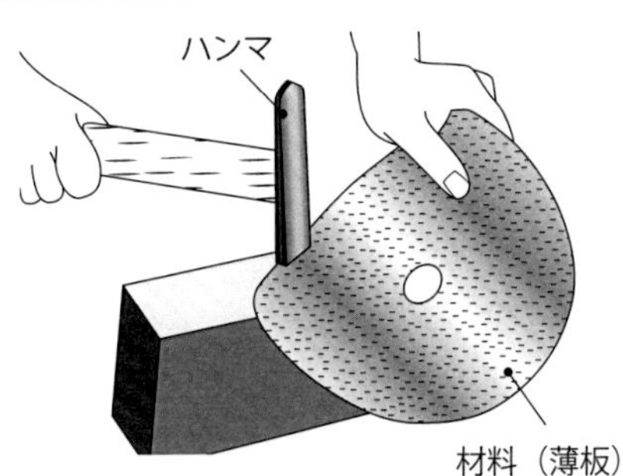

図 4-6-4 へら絞り加工

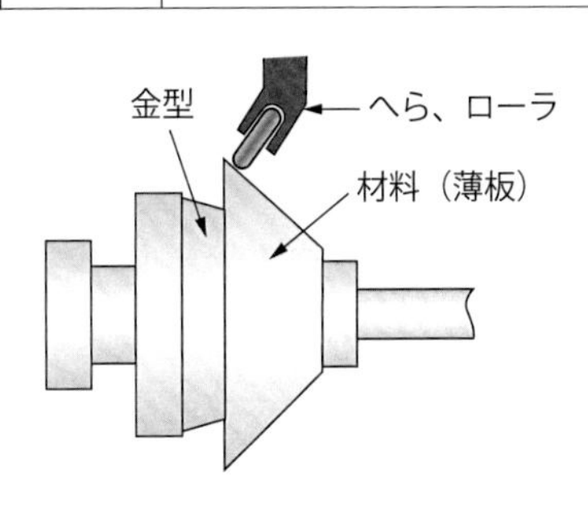

立て形マシニングセンタは広く普及し保有する企業が多く、逐次成形法はマシニングセンタの新しい使い方としてさらなる技術開発が期待されています。

要点 ノート

インクリメンタルフォーミングは金型を使用せず金属薄板の3次元成形ができる。このため、大幅な工期短縮が可能になる。

7. 超精密旋盤（ナノ加工機、非球面加工機）

❶超精密旋盤の需要

めがねやコンタクトレンズ、カメラ、パソコンのHDD、ブルーレイディスク、液晶テレビ、プロジェクタなど私たちが日常的に使用するものにはレンズが使われています。レンズの材質は主としてガラスとプラスチックですが、ガラスレンズは金型に押し付けてつくられ（ガラスモールド）、プラスチックレンズは溶けたプラスチックを金型に流し込みつくられています（射出成形）。金型の材質は超硬合金やセラミックス、コーティングをほどこした金属材料などです。レンズの種類には球面レンズ、非球面レンズ、フレネルレンズなどがありますが、これらのレンズの金型は「超精密旋盤」で加工されています。レンズは軸対称なので形状だけを考えれば通常の旋盤でも加工できますが、レンズの金型はきわめて理想に近い表面粗さと形状精度が必要とされるため、要素技術と作り込みを究極に高めた超精密旋盤が必要になります。また、超精密旋盤は半導体・電子部品の加工、とくにアルミニウム合金や銅合金（無酸素銅）、ニッケルなどの非鉄軟質金属の高精度・鏡面加工に多用されています。通常、超精密旋盤では切削工具の刃先の鋭利さが形状精度に影響するため、刃先の形状精度が高い単結晶ダイヤモンドバイトが使用されます（図4-7-1）。

図 4-7-1 超精密旋盤による端面切削の模式図

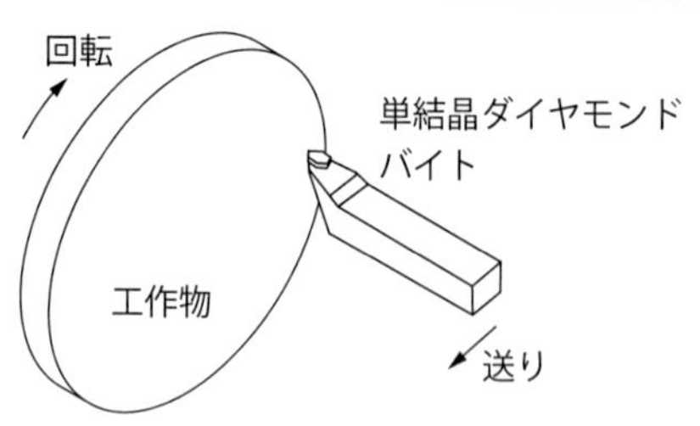

図 4-7-2 超精密旋盤の模式図

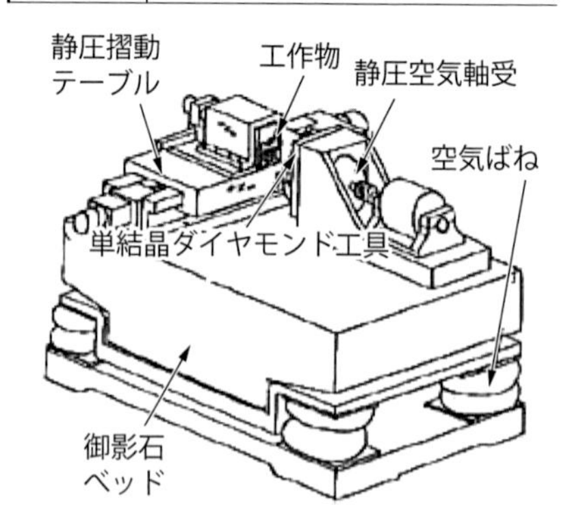

図 4-7-3 シェーパ加工の模式図

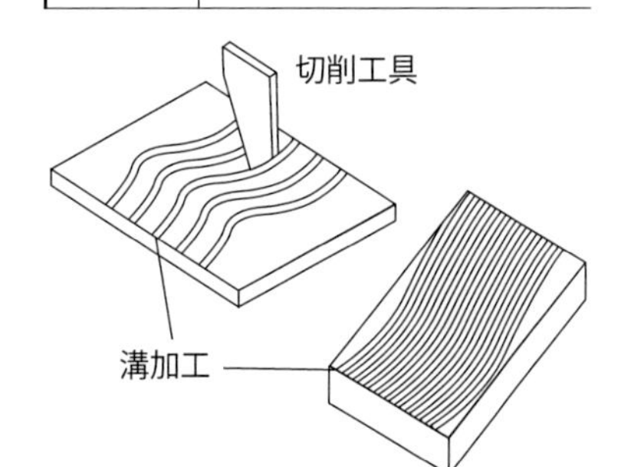

図 4-7-4 フライカットの模式図

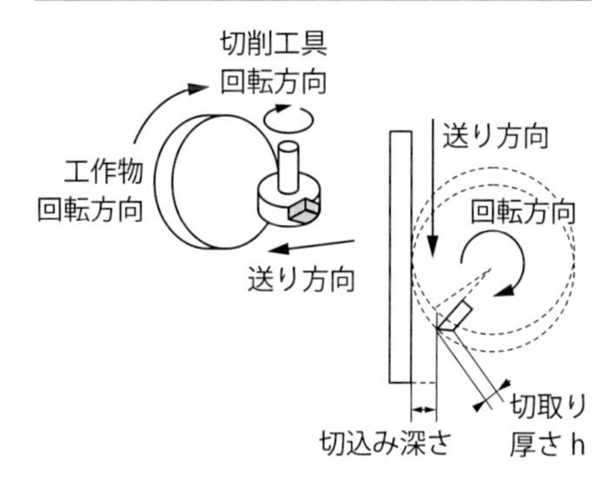

❷超精密旋盤の定義と特性

図4-7-2に、超精密旋盤の模式図を示します。日本産業規格（JIS）では、超精密旋盤は「表面粗さRz 0.1 μm以下の粗さに仕上げることができる旋盤」と定義しています。超精密旋盤は主軸の回転精度（静寂性や安定性）や割り出し精度（約100万分の1°）、軸の運動精度（NCの最小設定単位が約1nm、ナノメートルは100万分の1ミリ）などきわめて高い運動精度を備えています。また、バックラッシュやスティックスリップなど運動誤差もほとんどないことも特徴です。超精密旋盤が狙う加工精度はナノメートルなので、温度や湿度、気圧の変化が加工精度に大きく影響します。このため、加工機を設置する環境は恒温恒湿、振動のないクリーンルームが必要です。超精密切削と一般的な単位（寸法許容差が0.01 mm単位）の切削は加工の原理は変わりませんが、超精密加工では一般的な切削加工ではほとんど問題にならないレベルの工具摩耗でも母性原理に基づき加工精度に影響し、振動や温度などの環境的外乱も加工精度に大きく影響します。

❸超精密加工のニーズ

超精密加工は光学分野に留まらずバイオや医療分野など新しいニーズが増えており、超精密旋盤をはじめとする超精密加工機はさらなる加工精度と加工能率の向上が望まれています。また、複雑形状の加工に適応できるよう旋盤（旋削）の機能だけでなく、研削、シェーパ加工（カンナやカミソリのような加工、図4-7-3）、フライカット（切れ刃1枚で行うフライス加工、図4-7-4）など多軸化も進められています。

要点 ノート

超精密旋盤は旋盤の運動精度を究極に高めたもの。半導体部品や電子部品などの精密加工では必須の工作機械です。

8. 超精密研削盤

❶研削加工の優位性

機械加工は工作機械（機械的エネルギ）を使って、工作物の不要な箇所を取り除き、目的の形状をつくる加工法で、除去加工です。機械加工には「切削、研削、研磨」があり、切削と研削は切削工具または研削といしに一定の切込み深さを与えて工作物を削る「強制切込み形」の加工で、研磨は研磨材（遊離砥粒）を供給し、工作物を定盤に押し付けて削る「圧力転写形」の加工です。

研削加工は強制切込み形の加工法ですが、研削といしは構造弾性体であるため、研削といしが工作物を削り取る点（研削点、研削といしが工作物に接触する点）ではわずかに凹んで接触しています。つまり、研削点では圧力転写形の除去加工になっています。切削（強制切込み形）に近い能率で材料を除去できると同時に、研磨（圧力転写形）に近い綺麗な仕上げ面が得られるのは研削といしがちょうどよい弾性係数を有することに起因します。研削は切削と研磨の中間に位置し、両者の利点を有した加工法といえます（図4-8-1）。

❷超精密の定義と高付加価値化

近年、「超精密」という言葉をよく見たり、聞いたりしますが、JISでは超精密という言葉に明確な定義を規定していません。ただし、機械加工分野では一般に通常の加工精度よりも2桁以上高い加工精度、表面粗さが得られる加工を

図 4-8-1　超精密切削、研削、研磨の特徴比較

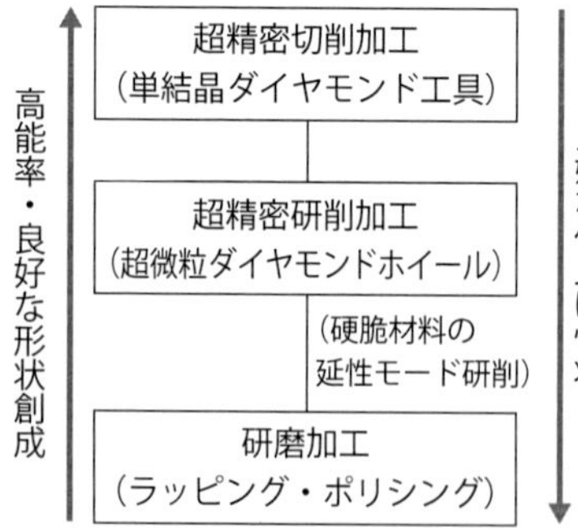

高能率・良好な形状創成（↑）

超精密切削加工
（単結晶ダイヤモンド工具）

超精密研削加工
（超微粒ダイヤモンドホイール）

（硬脆材料の
延性モード研削）

研磨加工
（ラッピング・ポリシング）

良好な仕上げ性状（↓）

図 4-8-2　超精密研削盤
（株式会社岡本工作機械製作所）

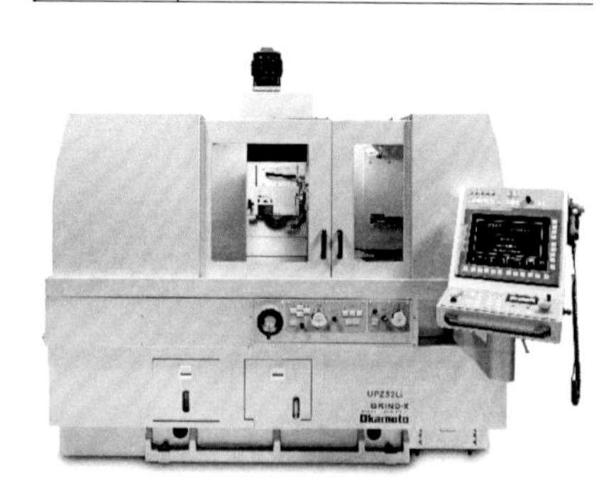

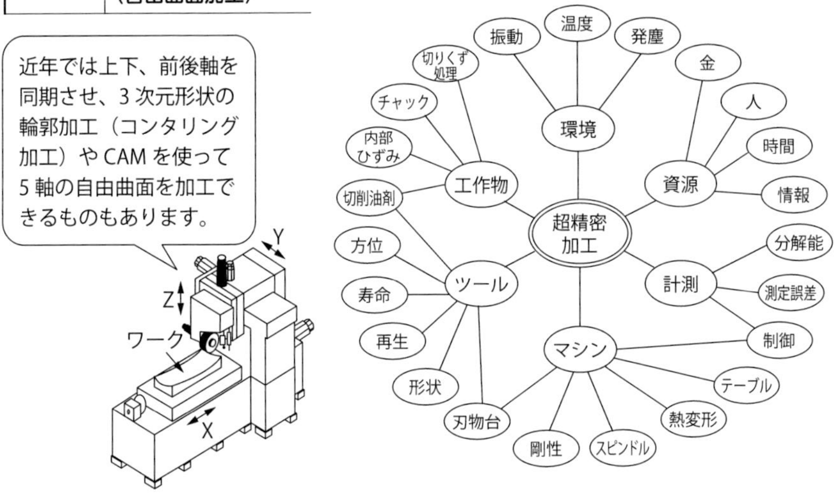

図 4-8-3 超精密研削盤（自由曲面加工）

図 4-8-4 超精密加工の加工精度に影響する主要因子

超精密切削加工といっています。一般的な機械加工で得られる加工精度や表面粗さは約0.001 mm単位ですから、超精密加工はその2桁以上の0.00001 mm（0.01 μm、10nm）の加工精度・表面粗さが得られるということになります。また、超精密加工は付加価値が高く、たとえば、半導体のディスク基盤の表面粗さが低くなり、平滑になれば数十倍の高密度な記録が可能になります。超精密加工は形状をつくるだけでなく、部品の価値を高めます。

❸超精密研削盤の特性

一般に、ナノ単位（100万分の1 mm）の表面粗さと形状精度が得られる研削盤を「超精密研削盤」といい、一般的な研削盤に比べて、主軸の回転精度、テーブルの運動精度が高くなっています（**図4-8-2、図4-8-3**）。主軸には低振動で、回転精度が高い静圧が採用され、駆動部には摩擦があるとバックラッシュやスティックスリップが必ず生じるため、主軸と同様に静圧案内が採用されます。超精密研削盤は加工によって発生する振動、外部からの振動に対する対策や、加工によって発生する熱、機械内部から生じる熱（モータや電気回路から生じる熱）、設置環境温度の変化に対する対策など、加工精度に影響するあらゆる因子をコントロールできるようにつくり込まれています（**図4-8-4**）。

要点 ノート

超精密研削加工は研削といしの作業面性状をコントロールすることが重要で、砥粒突出し高さや砥粒分布の均一性が求められ、ツルーイング、ドレッシングを定量的に管理することが大切です。

9. 微細加工機（高速スピンドル、全軸リニアモータ駆動）

❶微細加工の定義

近年、超精密と同様に「微細加工」というキーワードを見たり、聞いたりしますが、JISでは微細加工というキーワードに明確な定義を規定していません。目安として、一般に100 μmよりも小さい溝や穴、任意形状の加工を微細加工といっています。微細加工は医療や半導体、カメラ（CCD、内視鏡）、IT機器（CPU、メモリ、HDD）、通信、時計などの業界で需要が高く、日進月歩で進化しています。

❷微細加工に必要なノウハウ

微細加工では外径0.01 mm～5 mm程度のエンドミルを使用し、加工単位も小さいため、加工状況を肉眼ではっきりと見ることができません（**図4-9-1**）。このため、通常サイズの加工のように、加工途中に測定器を使用して加工誤差を測定することができないので、加工が完了するまで仕上がり具合がわかりません。加工後の部品は接触式の測定器を使用することはできないので、非接触式（画像やレーザ）の測定器を使用して確認します。

測定後、加工誤差があった場合、通常サイズの部品であれば手作業による研磨やバリ取りなどで仕上がり具合を調整することができますが、微細加工では部品が小さいためできません。とくに切削時に発生するバリは後工程で除去することが難しいため、加工時にバリをコントロールする（できるだけバリを発生させない）ノウハウが必要です。微細加工では寸法許容誤差は限りなくゼロに近づくため、ごく僅かな加工誤差でもNGになります。微細加工は加工状況を視認できる通常サイズの加工に比べて、オペレータの経験と想像力が仕上がりの良し悪しに影響します。

❸微細加工機の特性

図4-9-2に、「微細加工機」を示します。微細加工機は基本的には3軸の立て形マシニングセンタと同じ構造ですが、主軸回転数は5万～20万回転、駆動部は全軸リニアモータ駆動を採用し、切削時の送り速度は5000 mm/min以上、NCの最小制御分解能がナノ単位で、一般的な工作機械よりも高い運動精度と安定性が求められます。切削加工では切削速度（切削工具が工作物を削り

図 4-9-1 半球工具を使用した微細加工の模式図（切削点のイメージ）

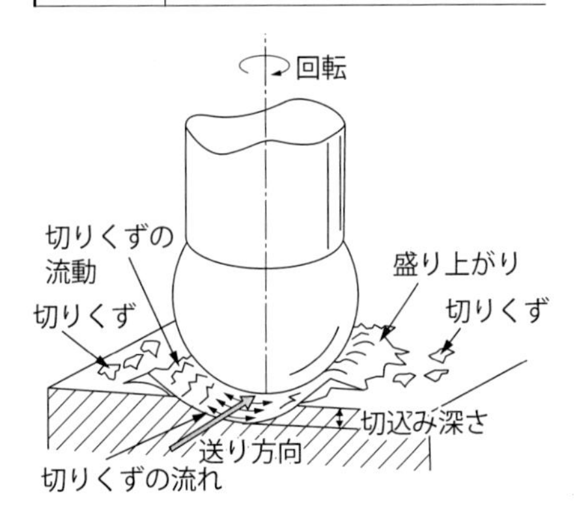

図 4-9-2 微細加工機
（株式会社ソディック）

図 4-9-3 ボールねじ駆動とリニアモータ駆動

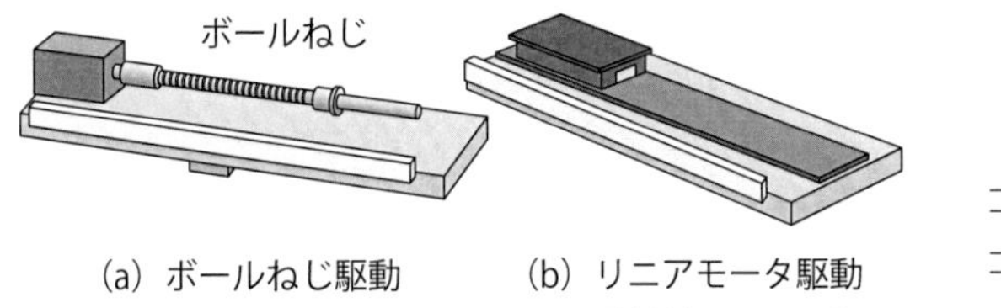

図 4-9-4 焼きばめ(ツーリング)

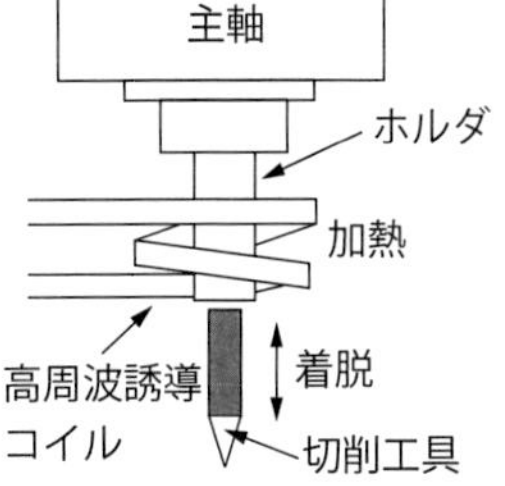

取る速度）が大切ですが、適正な切削速度を維持するためにはエンドミルが小径になるほど回転数を高くしないといけませんので、主軸の回転数は5万回転以上が必要になります。また、適正な送り量に設定するためには主軸の回転数に比例して切削送り速度も速くする必要があるため、微細加工機ではリニアモータ駆動が必須になります（**図4-9-3**）。さらに、微細加工では切込み深さがきわめて小さいため、工作物のチャッキング精度（平坦度、平行度など）の確認がきわめて重要です。チャッキング精度が保たれていないと切削中、場所によって切込み深さが変化し、良好な加工精度を得ることができません。微細加工機のツーリングは回転精度が重視されるため通常「焼きばめ」が使用されます（**図4-9-4**）。

要点 ノート

微細加工は小さな面積に複雑形状や表面粗さを創製するため、単位面積あたりの付加価値が高くなります。微細加工は高密度加工といえます。

10. 大型工作機械（その1）
プラノミラー、5面加工機

❶大型工作機械の需要と特性

造船、鉄道、電力、鉄鋼、建設、航空宇宙で使用される製品はスケールが大きく、その迫力に魅了される人も多いと思いますが、これらの分野で使用される製品や部品をつくる大型の工作機械もあります。その代表例が「プラノミラー（図4-10-1）」です。図に示すように、プラノミラーはクロスレールまたはコラムに沿って移動する主軸頭を持ち、ベッド上を長手方向に異動するテーブル上に工作物を取り付けて加工する工作機械です。プラノミラーは門型構造のフライス盤の一種です。門の高さ7 m、門幅7 m、テーブルの全長30 m、ベッドの全長60 mを超えるものもあります。

❷プラノミラーの種類（5面加工機）

プラノミラーは構造によって3種類に大別でき、1つのコラムでクロスレールを支えているものを「片持形」。2つのコラムでクロスレールを支えているものを「門形」、コラムがテーブルの長手方向に移動できるものを「ガントリ形」といいます。港でコンテナを吊るすクレーンを「ガントリクレーン（図4-10-2)」といいます。また、プラノミラーで主軸頭が旋回するもの（アングルヘッドを装備しているもの、図4-10-3）はテーブルに取り付けた工作物の底面以外の5面を取り付け直さずに（ワンチャンキングで）加工できるため、「5面加工機」といわれます。

❸大型工作機械の特性

大きな部品でも求められる加工精度（平面度、平行度、直角度など）は通常サイズの部品とそれほど変わらないため、大型工作機械には通常の大きさの工作機械よりも高い設計力と組立ノウハウが必要になります。とくに課題になるのは「自重と温度変化」です。大型工作機械はベッドやテーブル、コラム、主軸頭も大きく重量が増えるため、動くと重心が変わり、運動誤差の原因になります。たとえば、主軸頭を左右に動かすと主軸頭の重量でクロスレールが傾くため、左右のコラムに油圧シリンダを内蔵し、重心のバランスを制御できるものもあります。

また、大型工作機械は恒温室（温度が一定の部屋）に設置できません。工場

図 4-10-1 プラノミラーと基本構造の模式図

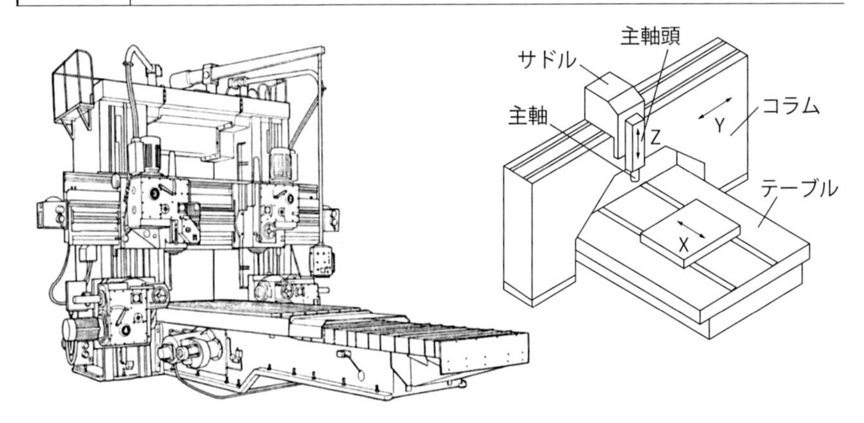

図 4-10-2 ガントリクレーン

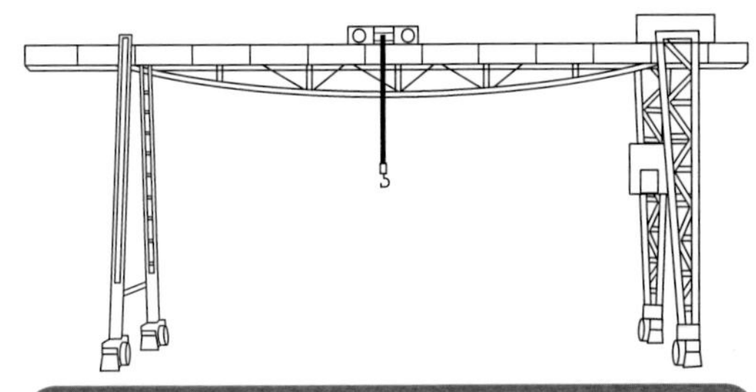

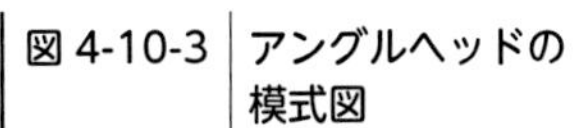
図 4-10-3 アングルヘッドの模式図

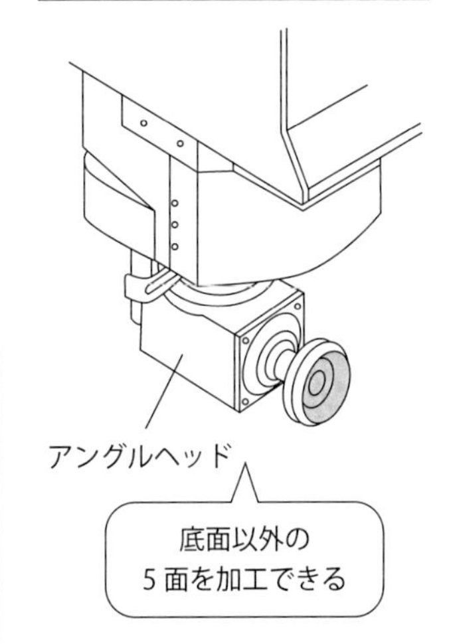

一口メモ

ガントリークレーンは港に接岸したコンテナ船に直接荷物（コンテナ）を積み下ろしできるクレーンです。一連の操作には自動制御装置が導入されているものも多いのですが、強風などの影響を受けるため安全な運転にはオペレーターの熟練した経験と技能が大切といわれています。機械加工も同じですね。

の温度は屋根に近いほど（上に行くほど）高く、地面に近いほど（下に行くほど）低くなります。大型工作機械は高さもあるため、上下の温度変化によって姿勢が崩れてしまいます。さらに、切削熱の影響も無視できません。

大型工作機械は通常サイズの工作機械では問題にならないいろいろなことを考えなければならず、技術力が詰まった工作機械といえます。

要点 ノート

大型工作機械は自重、重心変化、温度変化が加工精度に影響します。

11. 大型工作機械（その2）翼面加工機、立て旋盤、ターンミラー

❶翼面加工機

豪華客船のような大型船舶やコンテナなどを運ぶタンカーに推進力を与えるスクリュープロペラをつくる大型の工作機械を「翼面加工機」といいます。図4-11-1に翼面加工機を示します。翼面加工機は構造的にはプラノミラーと同じですが、スクリュープロペラの形状は薙刀（日本の長柄武器の一種）のように湾曲し、隣同志の翼面が近い位置で重なるため、主軸や切削工具が干渉しないように翼面加工機は6軸制御やアングルヘッド（図4-10-3）などを備えています。また、翼面を加工する際には隣同志の翼面が近い位置で重なるため、主軸や切削工具が干渉しないように工夫したNCプログラムが必要になります。

❷ターンミラー

火力や水力、原子力発電で使用される大型発電機のケーシング（大径の円筒形状）などは大型の立て旋盤で加工されます。旋盤は主軸が水平に向いているものが多いですが、地球には重力があるため、大径で重量のある工作物を水平に掴み、回転させるのは理に沿いません。このため大径で重量のある工作物は立て旋盤やターンミラーを使用します。

「ターンミラー」は立て旋盤（垂直な回転テーブル）にミーリング機能（プラノミラーの機能）を備えた工作機械で、複合機の一種ともいえます。図4-11-2に示すのはテーブル径ϕ6000 mm、最大加工径ϕ11000 mm、コラム間距離8000 mmの「門形ターンミラー」です。

❸地耐力

大型工作機械は機械本体が鉄鋼（鋳物）の塊です。自重だけ（機械総質量）で1000tを超えるものもあるため、設置する場所には相当な「地耐力」が必要になります。地耐力は地盤の荷重に対する耐力（地盤の沈下に対する抵抗力）で、工作機械本体と工作物の総重量に耐え得る地盤でなければ（軟らかい地盤では）、工作機械が沈下することになります。大型工作機械を設置する場所には地耐力を確保するために基礎用コンクリートを敷きます。

❹大型工作機械特有の問題

大型の工作機械は製造メーカで組み立てられ、出荷前には加工精度を検査す

図 4-11-1 翼面加工機（ナカシマプロペラ株式会社）

図 4-11-2 ターンミラー（日精ホンママシナリー株式会社）

るために試加工が行われます。当たり前ですが、組み立てた完成品のままでは運搬できないため、組み立てたものを再度分解して運搬します。しかし、分割しても一定の大きさ・重量になるため運搬するパーツが鉄道、道路のトンネルや橋（重量制限）を通れるか否かが大きな問題になります。このため、大型工作機械の設計者は鉄道や道路に詳しい人が多いようです。

要点 ノート

工作機械の設置に必要な地耐力は工作機械本体、工作物の最大積載重量、基礎重量を足した総重量の2～3倍が目安です。

12. マイクロ工作機械

❶マイクロ工作機械の需要

腕時計で使用されるような小さな部品は小さな工作機械でつくるというのは当たり前の発想ですが、工作機械の小型化は剛性が低下し、加工精度の悪化に直結することや、通常サイズの工作機械の設計思想や経験測がマイクロ工作機械にも適用できるか否かが不明のためこれまで活発に開発が進んでいるとはいえませんでした。しかし近年では、工作機械に使用される要素部品の性能が向上したことに加え、コンピュータシミュレーション（CAE）による最適設計支援技術が向上したことにより、「マイクロ工作機械」の開発が進み、実用化されています。

❷マイクロ工作機械の特性

図4-12-1に、「卓上形精密旋盤」を図4-12-2にフライス盤の一例を示します。マイクロ工作機械の利点は省スペース、省エネルギであること、加工単位が小さいため切削抵抗が小さく、騒音や振動が小さいこと、持ち運びできること、設置環境を選ばないこと、生産ラインなどで配置するレイアウトを簡単に変更できること、小型のため製造しやすいことなどが挙げられます。本図の旋盤はマイクロ工作機械は趣味（DIY）や教育用に使用されている卓上の工作機械ではなく、生産現場で実用され、精密構造部品をつくることのできる高い加工精度を有した工作機械です。

図 4-12-1 卓上型精密旋盤（碌々産業株式会社、株式会社由紀精密）

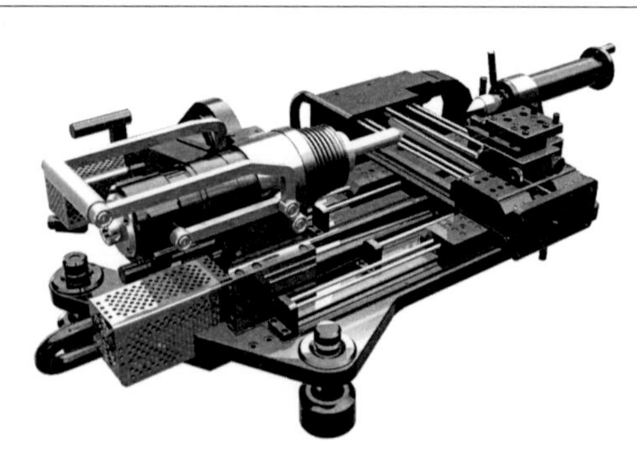

図4-12-2 マイクロ工作機械（フライス盤）の一例

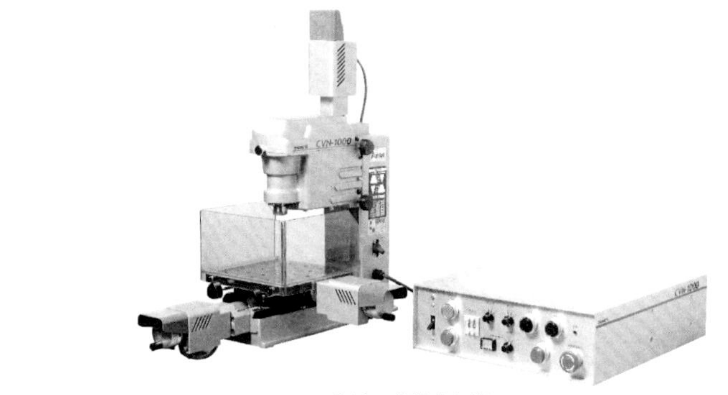

（榎本工業株式会社）

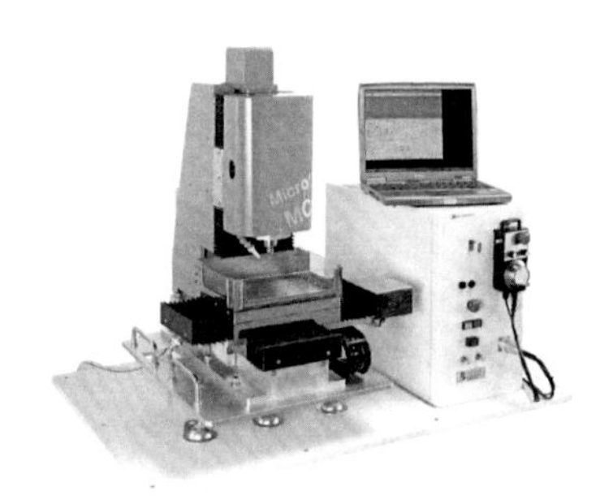

（株式会社ピーエムティー）

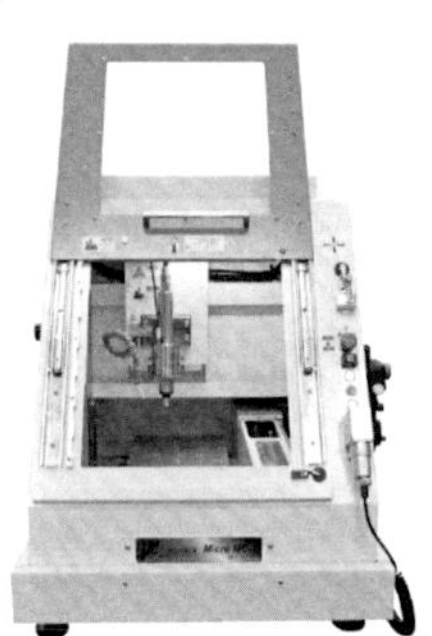

（株式会社ピーエムティー）

❸マイクロファクトリ

マイクロ工作機械だけを並べた生産ラインを「マイクロファクトリ」と呼んでおり、1990年頃に日本で提唱されたのが始まりです。長野県の諏訪地域では「デスクトップファクトリー」と名付け、関係企業によって小型の工作機械が開発されています。

近年では、骨折などで外科手術を行う場合、マイクロ工作機械を手術室へ持ち込み、患部の様態に合わせて骨の加工を手術室内で行う事例も報告されています。また、患者自身の骨でインプラント（体内に埋め込む医療機器や材料：ねじなど）を製作する試みもあります。スマートフォンやタブレットなどは軽薄短小化し、環境に優しいものづくりが不可欠な時代になっていることから、今後マイクロ工作機械が広く普及することが期待されます。

要点 ノート

工作機械は省スペース、省エネルギの観点から既存サイズに比べて小型化していますが、一定以下の大きさへの小型化はなかなか進んでいません。

13. 複合加工機（その1）切削と金属積層造形の融合

❶除去加工の利点と欠点

切削加工は工作物の不要な部分を取り除き、形状をつくる加工法で、除去加工です。切削加工は歴史が深く、ある程度成熟した加工法で、加工条件を調整することで、荒加工、中仕上げ加工、仕上げ加工と加工精度や表面粗さを追いこむことができることが最大の利点です。しかし、切削加工は工作物の不要な部分を切りくずとして取り除くため、どうしても材料がムダになる部分が多くなってしまうこと、切削工具を使用するため危険がともなうこと、段取りや加工条件の設定には一定のノウハウ、経験が必要なことが欠点といえます。

❷付加加工の利点と欠点

一方、「金属積層造形」は材料を積み重ねて形状をつくる加工法で、付加加工です。金属積層造形の最大の特徴はメッシュや中空、ポーラス（多孔質）構造など除去加工では不可能な自由度の高い、複雑に入り組んだ細かい形状をつくれることです。また、3DCADデータ（STLファイル）があれば特別な条件設定は必要なく、初心者でも使用できること、切削工具のような刃物を使用せず危険性が低いこと、振動や騒音も発生しないことも利点です。しかし、形状精度が高くなく、仕上げ加工など追い込んだ加工ができないことが欠点です。金属積層造形技術（付加加工、3Dプリント技術）はAdditive Manufacturing：AMと呼ばれ、とくに金属積層造形は欧米で技術革新が進んでいます。

❸除去加工と付加加工の複合化

切削加工と金属積層造形を1台の工作機械に複合化し、金属積層造形でつくった形状を切削加工で仕上げ加工（追加工）することで材料をムダにすることなく、複雑な形状を精度よくつくることができます。このため、5軸マシニングセンタに金属積層造形の機能を備えた複合加工機が登場しています。切削加工と金属積層造形の複合化は足し算（金属積層造形）と引き算（切削加工）を融合し、メリットを生かし、デメリットを補えます。従来、金属積層造形でつくられた造形品は金属結晶の粒径が粗く、工業製品として強度的に不安がありましたが、現在では粒径が細かくなり、強度も高くなってきました。金属積層造形と切削加工の複合加工機は航空機や発電に使用されるタービンブレード

図 4-13-1 機能の複合化の一例（ヤマザキマザック株式会社）

(a) 切削加工

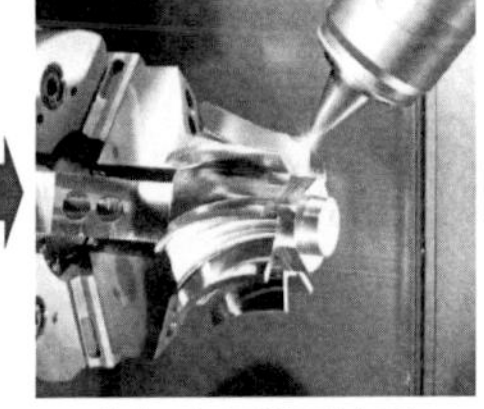
(b) 金属積層造形

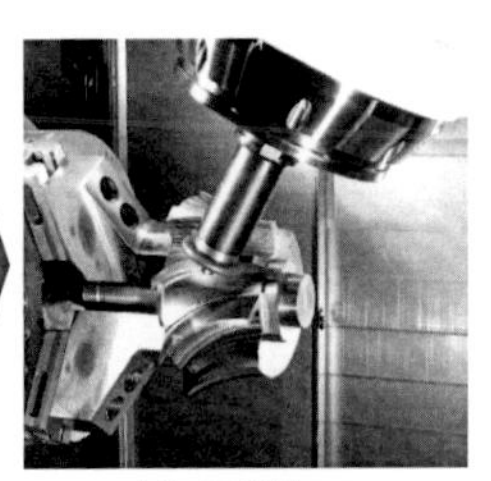
(c) 研削加工

の製造にも適用されるようになってきており、近い将来、多くの生産現場で導入されるかもしれません。

❹進化する複合化

工作機械は時代の要求に応え高精度化、高速化、高機能化、多軸化、省エネルギ化など性能を向上させてきましたが、基本的には1台の工作機械が各加工法に特化し、専用機として進化してきました。しかし近年では、ニーズの多様化とさらなる生産性の向上（低コスト、短納期）、高付加価値化を追求するため、複数の機能を持つ複合加工機械が開発されており、複合化する機能は2つから複数になっています。たとえば、切削加工、研削加工、積層造形、レーザ焼入れの4つの機能を1台の工作機械に複合化し、素材から製品まで1台で完結できる工作機械も開発されています。機能の複合化による工程集約によって生産性を高めることができ、ワンチャッキングによる加工精度向上、省スペース化、変種変量加工、急な仕様変更への対応も可能になります。

また、このような複合工作機械では素材から形をつくるだけでなく、たとえば、製品にき裂や欠けなど一部が損傷した場合、その部分だけを切削で取り除き、削った部分を積層造形し、レーザで焼入れをして、研削加工で仕上げるというように、製品の修復も1台で行うことができるようになります（図4-13-1参照）。複合加工機（多機能工作機械）はそれぞれの機能を個別にみると専用機には劣り中途半端なので「なんでもできるはなんにもできない」といわれた時代がありましたが、なんでもできる複合加工機が量産の製造ラインに並び、次世代の工作機械の標準になるかもしれません。

要点 ノート

機能を複合化することにより工程集約ができ、生産性を高めることができます。複合化する機能は2つから複数になっています。

14. 複合加工機（その2） 切削加工と摩擦攪拌接合

❶摩擦攪拌接合

図4-14-1に、「摩擦攪拌接合」の模式図を示します。摩擦攪拌接合：FSW（Friction Stir Welding）は1991年にイギリスで開発された技術で、接合ツールと呼ばれる棒状の工具を高速に回転させ接合したい材料に押し付けることで、摩擦熱によって材料を軟らかくし、軟化させた部分を攪拌することで接合する技術です（図4-14-2）。

摩擦攪拌接合は接合する材料以外の材質を使用しないため疲労強度が高いこと、最高到達温度が材料の溶融温度よりも低く、接合部の変形（歪み）が少ないこと、組織が微細化され、条件によっては母材よりも強度が高くなることなどが特徴です。摩擦攪拌接合は同じ材質はもちろんですが異なる材質の接合も可能です。従来は比較的融点の低いアルミニウム合金や銅合金などの非鉄金属が中心でしたが、最近では鉄鋼やチタン合金などの融点の高い金属の接合も可能になってきています。

従来、異種材料の接合は溶接や重ね合わせによるリベット結合が主でしたが、摩擦攪拌接合はこれらの方法に代替できる技術として注目され、軽量化を目的として、自動車や航空機、新幹線、橋梁、産業用機械の構造部材、医療機器などへの試用が始まっています。

❷切削加工と摩擦攪拌接合の複合化

多軸化したマシニングセンタに摩擦攪拌接合の機能を装備した複合加工機が実用化されています。この複合加工機ではATC（自動工具交換機能）で切削工具と接合ツールを交換することができ、たとえば、ポケット加工した材料の上に蓋を取り付け、材料と蓋を接合した後に、接合部を切削加工で仕上げることができます（図4-14-3、図4-14-4）。強度と軽量化は紙一重であるため、構造物は適材適所で材質の選定が必要で、その選択はより一層複雑になってきます。材料を削り取って形状をつくる切削加工と素材を繋げる摩擦攪拌接合を融合した複合加工機は「形状をつくる工作機械から高付加価値をつくる工作機械」へ進化したものと考えることができ、今後普及すると思われます。残材同士を接合して残材を減らす試みも始まっています。

図 4-14-1 摩擦攪拌接合の模式図

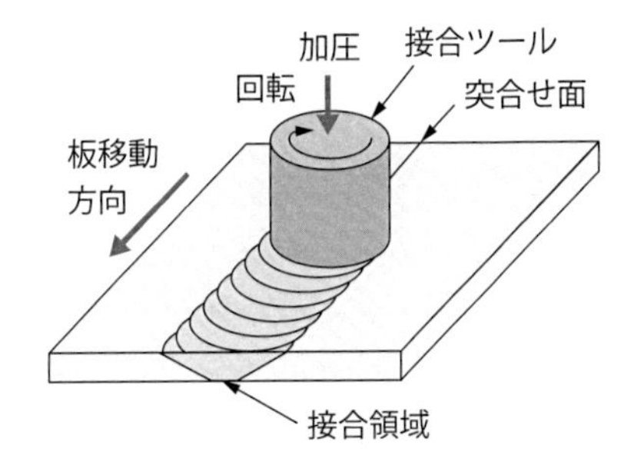

図 4-14-2 摩擦攪拌接合の様子
（ヤマザキマザック株式会社）

図 4-14-3 摩擦攪拌接合の模式図（異種材料の接合）（ヤマザキマザック株式会社）

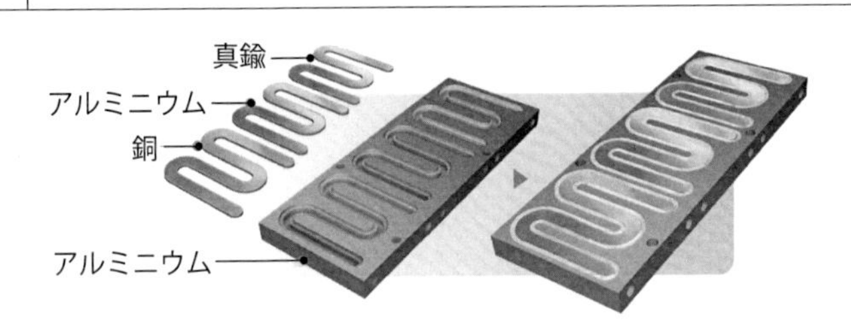

図 4-14-4 切削と摩擦攪拌接合の複合化した加工工程の一例（ヤマザキマザック株式会社）

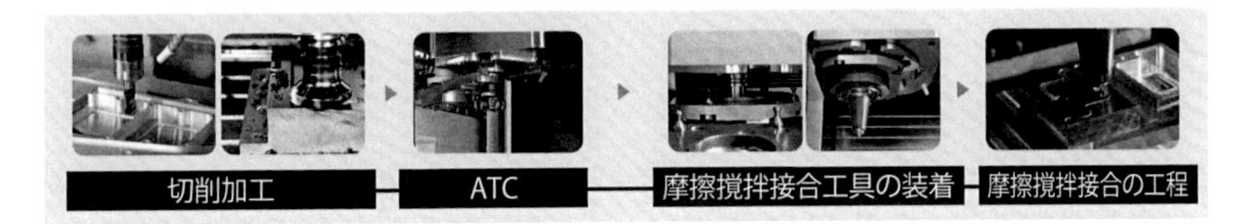

一口メモ

生産性を高めるためには「加工能率」と「加工効率」の両方を高める必要があります。主軸や送り機構の要素技術の進化は加工能率向上に寄与し、機能の複合化による非加工時間（段取り時間含む）の短縮は加工効率向上に寄与します。

要点 ノート

複合加工機はユーザとしては省スペース・省エネなど利点があり、メーカとしては部品の共有化という利点があります。

15. トランスファマシン（専用加工機）

❶トランスファマシンとは？

「トランスファマシン」は1つの加工を専門とするNC工作機械で、アメリカの自動車会社フォードがエンジンを加工するために開発しました。自動車のエンジンは形状が複雑で、大小複数の穴が多数あいています。フォードはエンジンを加工する場合、複数のトランスファマシンを自動搬送装置で連結する生産ライン（トランスファラインという、**図4-15-1**）を考案しました。

1つのトランスファマシンでエンジンの1カ所だけ加工した後、自動搬送装置でエンジンを次のトランスファマシンへ移し、次の工程の1カ所だけ加工します。そしてまた、自動搬送装置でエンジンを次のトランスファマシンへ移動させ、加工します。このようにすべての加工が終わるまでトランスファマシンを次々に移動しながら加工を繰り返します。つまり、トランスファラインは材料を投入すると自動的に製品が完成する生産ラインで自動化の基礎になりました。トランスファマシンを直線ではなく円周に配置する場合は「ロータリトランスファライン、ロータリ・ステーションマシン」ともいわれます。

❷トランスファマシンの利点と欠点

トランスファマシンは少品種多量生産に優れ、1つの加工に特化して設計されているため加工精度が高いことが利点ですが、製品がモデルチェンジした場合には、機械の仕様ごと変更し改造しなければならず対応しにくいことが欠点です。一方、マシニングセンタは自動工具交換機能を備え、何十種類という切削工具を持ち替えながら加工するので、工作物を取り付けた後は切削工具の種類に応じた多様な加工を行うことができます。このため製品がモデルチェンジした場合にはNCプログラムを変更して対応できることが利点です。マシニングセンタはモデルチェンジや変量生産に対応しやすく汎用性が高い反面、加工精度という観点ではトランスファマシンに比べて低いという見方もあります。

高度経済成長時はつくれば売れる時代でしたが、バブル崩壊以降、ユーザのニーズは多様化し、工業製品のモデルチェンジも早くなっています。このため、生産現場ではトランスファマシンよりもマシニングセンタを整備する風潮になっています。

図 4-15-1 トランスファラインの模式図

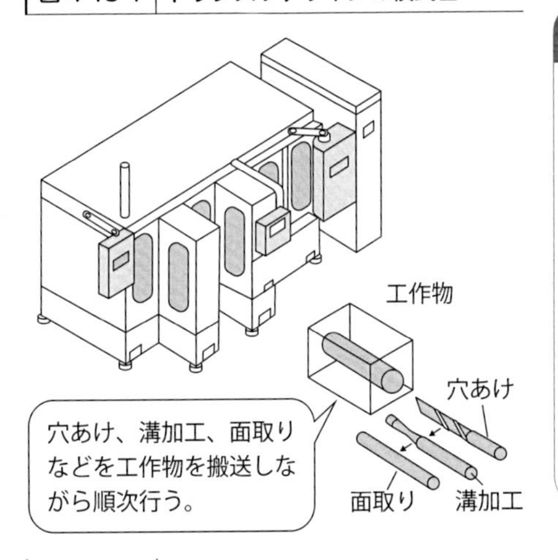

一口メモ

FMSはフレキシブル生産システム（Flexible Manufacturing System）の略称で、ニーズの多様化にともなう市場の変化に対応するため、NC工作機械、産業用ロボット、自動搬送装置を合理的に制御・管理することによって多品種生産や計画変更に対して柔軟に対応できるよう構成された自動生産システムです。

図 4-15-2 多品種少量生産と少品種多量生産の比較

多品種少量生産

種類の多い製品を少量ずつ生産する方法

- 受注生産
- 機能別レイアウト
- 汎用機械
- 重要な管理項目・納期の遵守

少品種多量生産

種類の少ない製品を大量に生産する方法

- 見込み生産
- 製品別レイアウト
- 専用機械（専用ライン）
- 重要な管理項目・需要予測による緻密な生産計画

図 4-15-3 生産量と生産形態の関係

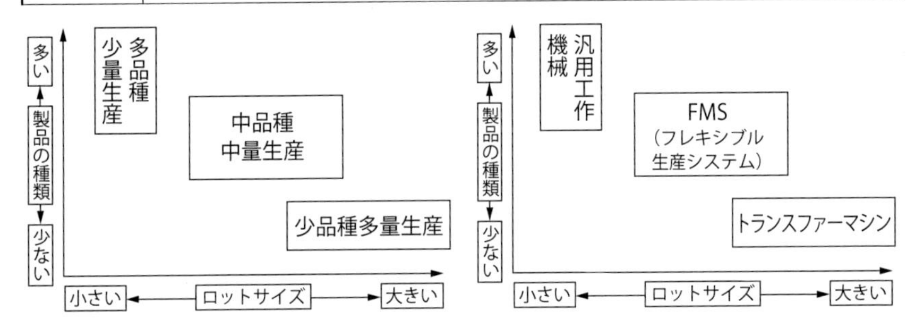

要点 ノート

トランスファマシンは少品種多量生産に、マシニングセンタは多品種少量生産・変種変量生産に適します。利点・欠点を考量した上で使い分けられています。

16. ねじ研削盤

❶ねじ研削盤の必要性と役割

ねじは私たちのもっとも身近な工業用部品の1つで、家庭から生産現場までさまざまな所で使用されています。**図4-16-1**に、ねじ研削加工の模式図を示します。ねじ研削盤は私たちが日常で使用するような一般的なねじを加工するための工作機械ではなく、工作機械や半導体製造装置、産業用ロボットなどの運動軸に使用されるボールねじや射出成形機に使用されているスクリュー（溶けたプラスチックを金型に押し出す部品）、冷蔵庫やエアコンのコンプレッサの圧縮機に使用されるスクリューロータ、業務用ポンプに使用されるスクリュー、円すいころ軸受の円錐ころを加工するためのらせん形状治具など、ねじおよびねじ形状（らせん形状）を高精度に加工するための工作機械です。**図4-16-2**に、「ねじ研削盤」で加工するねじの形状の一例を模式的に示します。

❷ねじ研削盤の動向

ねじおよびねじ形状（らせん形状）の部品は運動や動力の伝達に多用されるため、近年は伝達効率の向上や静寂性に対する要求が高まり、現状よりも1桁上の形状精度と表面粗さが求められています。また、新興国の経済発展によるエアコンや冷蔵庫の需要が伸びていることを一例として、生産性の向上（加工能率の向上）も急務になっています。ねじ研削は加工形状が3次元のらせんであるため段取りや加工誤差の測定、それにともなう追加工（補正加工）のための加工条件の調整が難しく、完成までの加工時間や仕上がり具合は作業者のスキルに依存します。とくにボールねじのような長物では加工時間が長く、研削熱による熱膨張が形状精度に影響するため、研削油剤の供給方法や温度管理が重要です。近年では対話型入力機能やといしのドレス条件設定機能、自動計測装置、段取りを支援するソフトウェアが充実し、作業の簡易化（作業者の負担低減）や自動化が進んでいます。**図4-16-3**に、ねじ研削加工における研削といしとねじ溝の同期（位置合わせ）の概念図を示します。

ねじ研削盤の工作物主軸の回転は、従来ではベルト駆動のものが多かったのですが、近年はDDモータを採用するものが増え、回転数および回転精度が向上しています。従来は砥石軸の回転に比べて工作物主軸の回転が遅いため、

図 4-16-1 ねじ研削加工の模式図

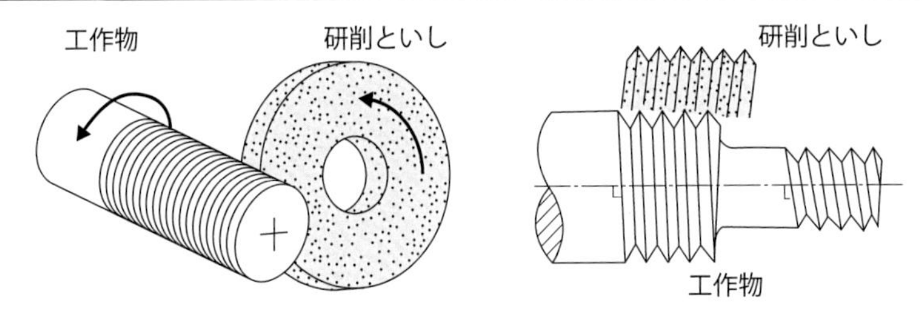

図 4-16-2 ねじ研削盤で加工するねじの形状の一例

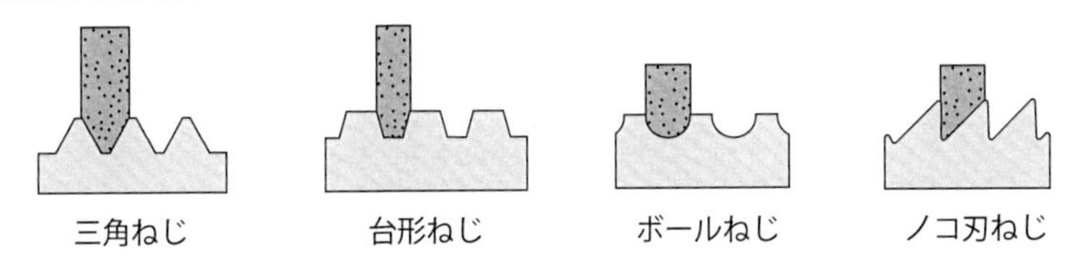

図 4-16-3 ねじ研削加工における研削といしとねじ溝の同期（位置合わせ）の概念図

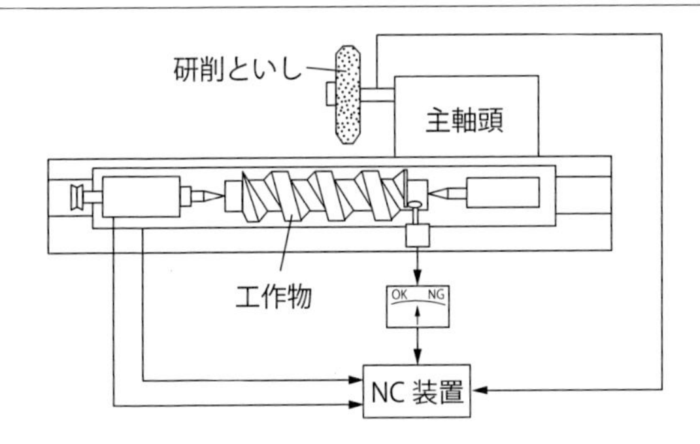

CBNホイールを使用することができませんでしたが、DDモータの採用によりCBNホイールを使用した高能率化と高精度化が可能になっています。

一口メモ

私たちが日常使用するねじは「転造」という技術でつくられています。転造は削ってねじの溝をつくるのではなく、圧力をかけてねじ溝をつくる塑性加工の一種です。

要点 ノート

- **ねじは機械要素部品の中でも基本的かつ重要な部品で種類（形状）も多様です。**
- **ねじ形状に合わせてといしを成形する技術、といしの形状を保つ技術が重要です。**

17. 工具研削盤

❶工具研削盤の装備

図4-17-1に、「汎用工具研削盤」と「NC工具研削盤」を示します。工具研削盤はドリルやスローアウェイチップ、エンドミル（**図4-17-2**）を製造する場合や切れ刃を再研削する場合に使われる研削盤です。

近年のNC工具研削盤は自動砥石交換機能やCCDカメラによる自動測定装置を備え、素材から最終工程まで完全に自動化できるものが多くなっています。また、全軸リニア駆動、回転軸にはDDモータを採用するものも多く、加工精度と生産性向上（高能率化）が進んでいます。従来は研削する形状が複雑な場合には、その形状に合わせて研削といしを成形する（総形研削）必要がありましたが、多軸化することで一般的な平形のといしでも多様で複雑な形状を研削することができるようになり、プロファイル研削の必要もなくなっています。プロファイル研削は加工図を20倍や50倍に拡大して投影機に映し、加工図と工作物を重ね、加工図からはみ出した部分を研削加工する加工法です。ならい研削、投影研削ともいいます。

❷工具研削盤の動向

従来、工具研削盤は剛性や主軸動力の大きさは日本製に比べて欧州製が勝っていましたが、現在は日本製と欧州製にハード面での違いはほとんどなくなりました。ただし、工具研削盤もほかの工作機械と同様に、加工精度や生産性の観点からワンチャッキングで加工できることが望まれており多軸化しています。このため、軸数が増えることによる運動誤差（制御性）が性能の差として問われています。現在、切削工具はコーティングしているものが多く、再研削した後は再度コーティングする必要があります。再研削時の表面粗さやホーニングはコーティングの密着性に関係し、工具寿命に直結するため、工具研削は研削条件を調整し、仕上がり具合をコントロールするためのノウハウが必要です。また最近はインターネットでも切削工具やチップが購入できるため、納期は1〜2日、価格もオープンになっています。再研削するよりも新品を購入した方が早く、安く入手できる場合もあるため、再研削の必要性や優位性を考える必要もあります。

図 4-17-1 汎用工具研削盤と NC 工具研削盤（牧野フライス精機株式会社）

(a) 汎用工具研削盤

(b) NC 工具研削盤

図 4-17-2 エンドミル研削の様子（牧野フライス精機株式会社）

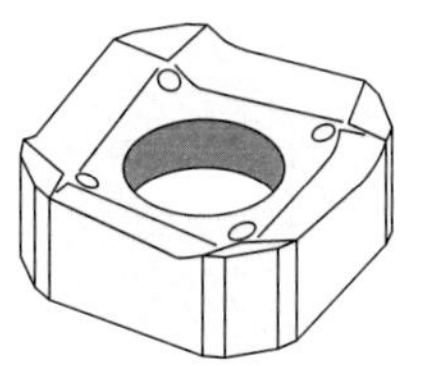

❸レーザによる工具研削

近年ではCBNやPCD、CVD（人工）ダイヤモンド工具の刃先成形を目的として、高密度のパルスレーザを備える工具研削盤も欧州を中心に市販されています。これからの工具研削盤はダイヤモンドホイールを使用する研削加工とレーザ加工の使い分けが必要になってくると思われます。

要点 ノート

微細加工の需要拡大によって小径工具の刃付け精度（研削精度）向上がいっそう重要になっています。

18. ホーニング盤

❶ホーニング加工の原理

図4-18-1に「ホーニング盤」の模式図を、**図4-18-2**に構造図を示します。ホーニング盤は主として工作物の円筒内面をホーニングヘッドを使用して研削加工する工作機械です。**図4-18-3**に、ホーニングヘッドの構造図を示します。ホーニングヘッド（ホーンともいう）は研削といしを使って円筒内面を仕上げる研削工具で、円周上に数個の研削といしを取り付けた構造をしています。ホーニングヘッドは研削といしを円筒内面に押しつけながら回転し、軸方向に往復運動します。ホーニングヘッドを使用した加工をホーニング加工といいます。

研削といしを円筒内面に押し付ける仕組みには油圧やばねなどの方法が用いられます。ホーニング加工で得られる表面粗さは研削といしの仕様、ホーニングヘッドの回転数、直線運動の速度によって変わります。ホーニング加工では研削といしの目づまりを抑制するために多量の研削油剤を供給しながら行います。

❷ホーニング加工の主要用途

ホーニング加工の主な用途に自動車エンジンのシリンダ内面の仕上げがあります。ホーニング加工は研削といしの一点に注目すると、ホーニングヘッドが回転しながら直線運動するため、工作物に対してらせん形状の斜めの線を描き、さらにホーニングヘッドが下降するときと、上昇するときで線の方向が変わるため、仕上げ面には細かな網状の筋（クロスハッチ）が残ります（**図4-18-4**）。クロスハッチにはきさげ加工と同様の効果があり、摺動部では網目模様が油たまりとして作用するため、潤滑油を保持し低摩擦を実現します。つまり、エンジン部品であるシリンダブロックのシリンダ内面をホーニング加工することにより、燃費の向上や環境負荷の低減に有効です。このため自動車の生産現場ではクロスハッチの交差角度が最適になるようホーニングヘッドの回転数と送り速度を設定しています。

数年前は自動車を新車で購入すると慣らし運転が必要で、走行距離1000kmまではエンジンを高回転してはいけないといわれました。これはシリンダ内面

図 4-18-1 ホーニング盤

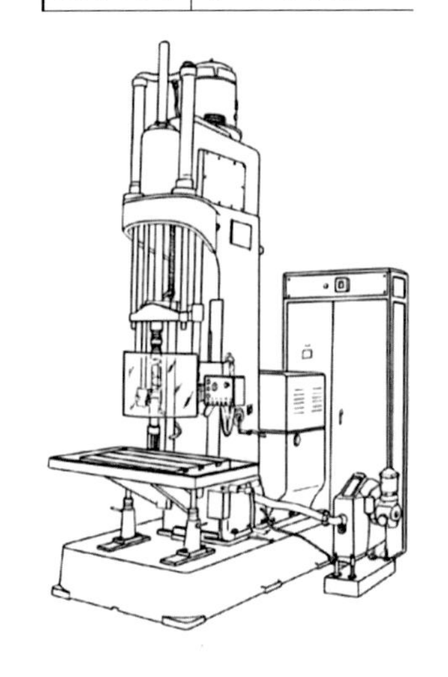

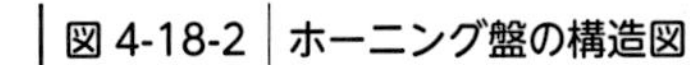

図 4-18-2 ホーニング盤の構造図

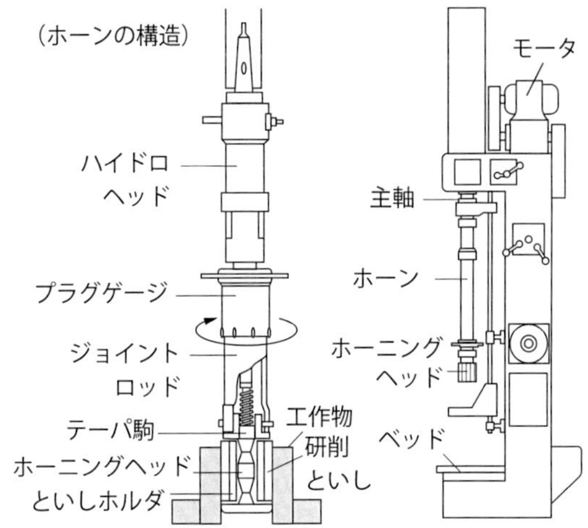

図 4-18-3 ホーニングヘッドの構造と加工原理

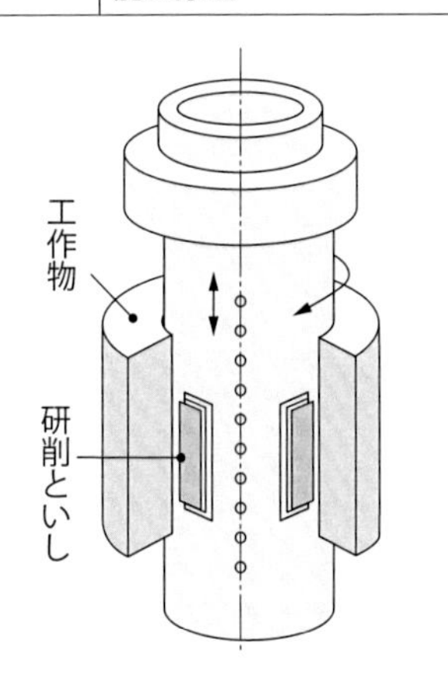

図 4-18-4 ホーニング加工で得られる研削条痕

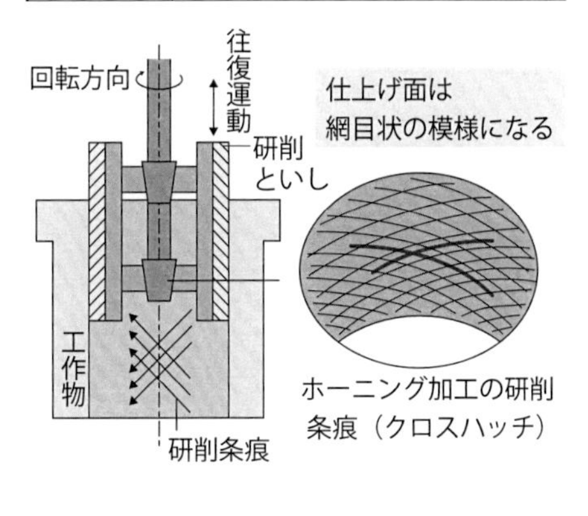

のクロスハッチとピストンリングの摺動をなじませるためです。現在ではクロスハッチの交差角度が最適に制御できるようになり、慣らし運転は昔ほど必要がなくなっています。

要点 ノート

ホーニング加工で得られる表面の研削条痕は細かな網状の筋（クロスハッチ）になります。

19. 高精度切断機(外周刃、内周刃、マルチブレード、ワイヤソー)

❶切断機の需要とスライシングマシン

工作物の不要な箇所を削り取り、形状をつくる機械加工では不要な部分を少なくするために材料を一定の大きさに切断するという需要が必ず存在します。材料が金属の場合には「金切りのこ盤（**図4-19-1**）」を使用しますが、半導体材料や電子部品材料、具体的にはSiCやガラス、セラミックス、水晶、磁石など、硬くて脆い材料はダイヤモンドでしか切断することができません。主として、研削といしを高速回転させて極薄切断または極細溝加工を行う工作機械を「スライシングマシン」といいます。

❷切断の種類

現在、高精度な切断に使用されている加工方法には主として「外周刃、内周刃、マルチブレード、ワイヤソー」があります（**図4-19-2**）。

(a) **外周刃**：外周刃は最も一般的な切断法で、高速に回転させた厚み0.1 mm程度の極薄のダイヤモンドホイールの外周で材料を切断する方法です。切断効率を上げるために、複数枚のダイヤモンドホイールを主軸に取り付けられるマルチブレード方式もあります。薄い円形刃をダイシングソー、円形刃で工作物を切断する加工をダイシングという場合もあります。

(b) **内周刃**：内周刃はステンレス製のドーナツ状の円板の内周にダイヤモンド砥粒を電着した刃を使用します。内周刃は太鼓を張る要領で刃を引っ張ることで剛性が生まれることが利点です。一般的な刃厚は外周刃で0.5 mm程度ですが、内周刃は0.2 mm程度で、カーフロス（切断代）を抑制することができます。

(c) **マルチブレード**：マルチブレードは強く張った焼き入れされた0.1 mm程度の薄いばね鋼をブレードとして、切断部に研磨材（と粒）と油を混合した遊離砥粒を供給しながら切断する方法です。ブレード自体には刃がついていません。マルチブレードはラップの原理で、長い時間を掛けて切断するので材料に対するダメージを最小限に抑えられることが利点です。

(d) **ワイヤソー**：ワイヤソーは直径がϕ0.1 mm程度の極細のワイヤで、と粒を含有した特殊な切断液を用い、ラップの原理で切断する方法ですが、最

図 4-19-1 金切り弓のこ盤

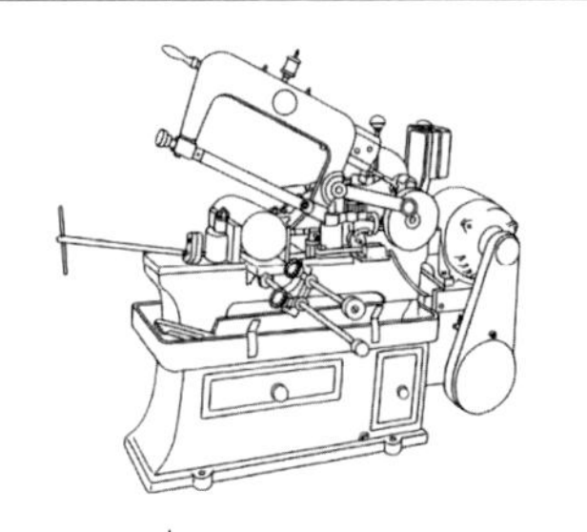

一口メモ

機械加工は長い材料から必要な寸法だけを切り取って使用します。切断加工は最初に行う機械加工です。切り出す寸法は固定方法、加工工程を十分に考えないといけません。機械加工は材料を固定しないとできません。

図 4-19-2 各種切断方法

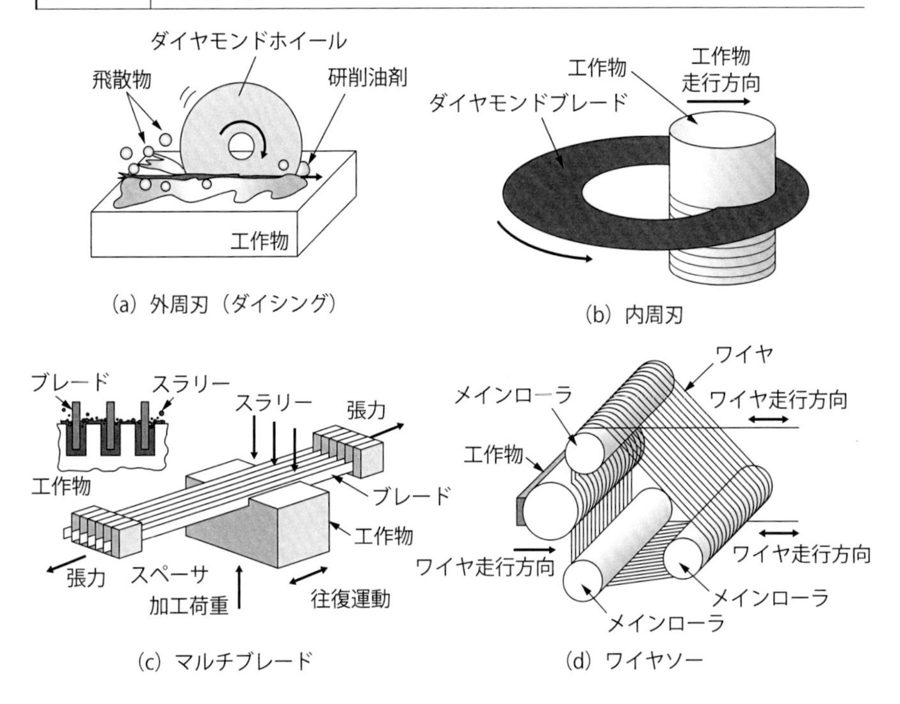

(a) 外周刃（ダイシング）
(b) 内周刃
(c) マルチブレード
(d) ワイヤソー

近では高能率切断と作業環境の改善を目的としてダイヤモンド砥粒を電着したワイヤを使用されています。ワイヤソーは切断機の中でもっともカーフロスが少なく、常に新鮮なワイヤで切断するため高精度な切断ができます。

要点 ノート

切断の種類はいくつかありますが、材料の材質、サイズ、加工量、加工精度によりどの切断法が適正かは必然的に決まってきます。

20. 超音波加工機

❶超音波とは？

図4-20-1に、可聴音と超音波の関係を示します。通常、私たちが耳で聞くことのできる音（可聴音）の周波数は20Hz（低音）～20kHz（高音）で、20 KHzを超える周波数は聞くことができません。超音波の一般的な定義は「人間が聞くことができない音」ですから、20 KHzより高い周波数の音を「超音波」といいます。イルカやコウモリは超音波を発し、その反射音を感知して暗い海中や洞窟の中でも正確に状況を把握することががてきるようです。Hz（ヘルツ）は周波数の単位で、1秒間に何回振幅するかということです。20 KHzは1秒間に20万回振幅するということになります。超音波を工業的な目的で使用する場合の定義は「聞くことを目的としない音」とされているので、音として聞こえる周波数でも工業的な用途の音であれば「超音波」ということになります。

❷超音波加工機

図4-20-2に、超音波の適用事例を示します。超音波は家庭用としても使用されており、めがねや衣類の汚れ落としに使用されている超音波洗浄機の周波数は40kHz程度です。超音波は魚群探知機や非破壊検査、健康診断で行う体内の検査、プラスチック同士の接着などさまざまな分野で利用されています。超音波は機械加工にも利用されており、切削・研削工具に超音波振動を付与する機能を備えた工作機械を「超音波加工機」といいます（**図4-20-3**）。機械加工に使用される超音波の周波数は約20 KHz～50 KHzです。**図4-20-4**に超音波加工機の基本構造、**図4-20-5**に周波数増幅のイメージを示します。

図 4-20-1　可聴音と超音波

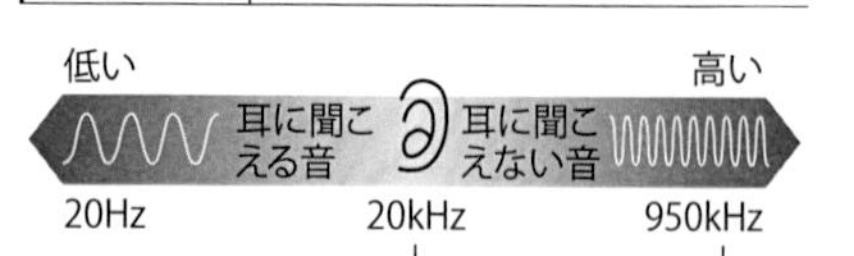

図 4-20-2　超音波の適用事例

超音波加工が使われている例

ケーキのカット

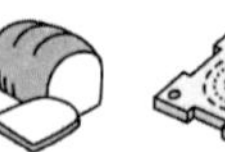

パンを薄くスライス

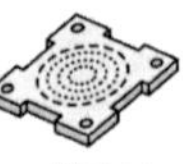

ガラスの加工

金型の研磨

図 4-20-3 超音波加工の模式図

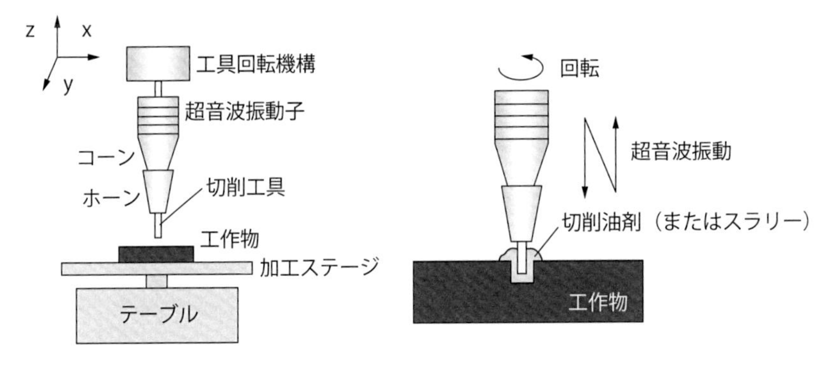

図 4-20-4 超音波加工機の基本構造

図 4-20-5 周波数増幅のイメージ

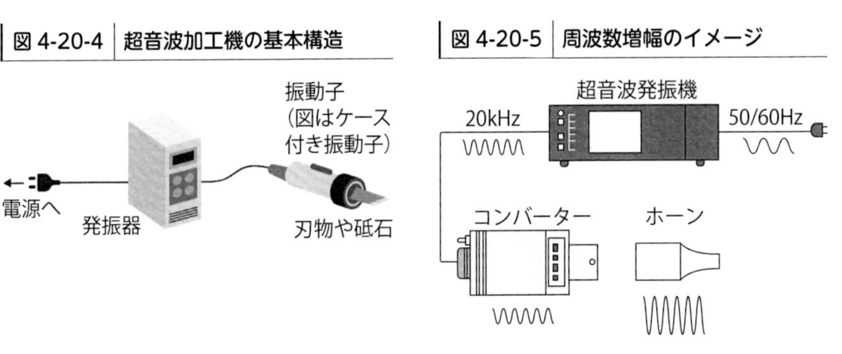

❸超音波の効果

ガラスやセラミック、超硬合金、サファイア、単結晶シリコンなど、硬くて脆い材料（硬脆材料）は欠けやすく、通常では加工を行うことが難しいですが、切削工具に超音波を付与することにより、微小振動によって材料を微細に破砕し、加工できます。また、延性材料である金属加工においても超音波の微小振動は加工抵抗や工作物のダメージを低減させ、切りくずの分断、構成刃先の防止、バリの低減、研削といしの目づまり、目つぶれの抑制など有益な作用をもたらします。義歯やインプラント、人工骨など医療分野や次世代半導体など電子情報分野では微細な加工が不可欠で、材料もいっそう硬くなる傾向にあるため、超音波加工機は不可欠な工作機械の1つになっています。

要点 ノート

近年、連続切削における切りくずの分断を目的に、低周波振動による切削加工技術が開発され実用化されています。

21. 3Dプリンタ（積層造形機）

❶3Dプリンタが注目されたきっかけ

2013年、当時アメリカの大統領だったオバマ氏が一般演説で、「3Dプリンタはものづくりに急激な変化をもたらす可能性がある」と発言し、「3Dプリンタ」が一気に注目を集めました。3Dプリンタの原理は材料を積層して形状をつくる加工法で、専門的にいうと「積層造形」といいます。積層造形はソフトクリームを巻くのをイメージするとよいでしょう。積層造形の考え方は1970年代に「Rapid Prototyping（迅速な試作）」と名付けられ、研究が始まりました。

❷積層造形の種類

積層造形の種類は大別すると、「光造形方式、インクジェット方式、粉末燃結方式、熱溶解積層方式、粉末固着（接着）方式」の5種類があります。**図4-21-1**に、各種造形法を示します。

(a) **光造形方式**：日本人によって発明された技術で、1987年に3Dシステムズ社が製品化しました。光造形方式は液状の樹脂に紫外線を当てると樹脂が硬化するため、この作業を繰り返すことにより形状をつくる方法です。原材料に液体の樹脂を使用するため、積層物の表面は滑らかで、複雑な形状をつくることができます。

(b) **インクジェット方式**：名称のとおり、インクジェットプリンタの原理を応用した造形方法で、液状の紫外線硬化樹脂を噴射し、紫外線を照らすことにより硬化させ積層して形状をつくる方法です。他の方式と比較して早く形状をつくれることが特徴です。

(c) **粉末燃結方式**：粉末状の材料にレーザを照射し、形状をつくる方法です。この方法の最大の特徴は金属製の立体形状をつくれることで、金属造形品は耐久性があるため、工業的な試作モデルとして使用されることもあります。

(d) **熱溶解積層方式**：プリンターヘッドから溶けた樹脂（ABSやPLA）を押し出し、積層して形状をつくる方法です。熱溶解積層方式は材料に粉末や光硬化性樹脂を使用しないため、取り扱いが簡単で現在家庭用の3Dプリンタの主流となっている方式です。ただし、造形品の精度や仕上がり具合は他の方式に比べて粗いです。

図 4-21-1 各種造形法

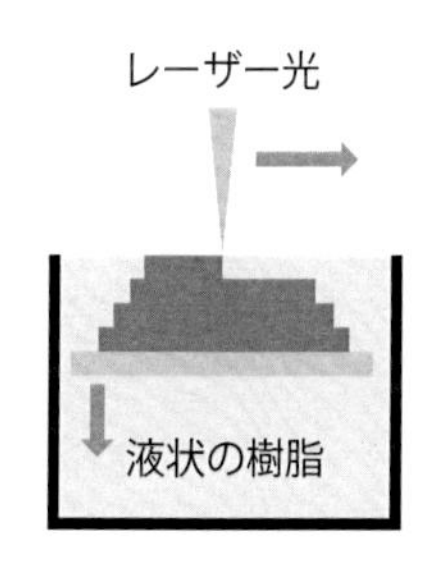

〈メリット〉
・表面が比較的滑らか
〈デメリット〉
・太陽光での劣化が進みやすい
・温度に弱い
・サポート材がモデル材と同じ

(a) 光造形方式

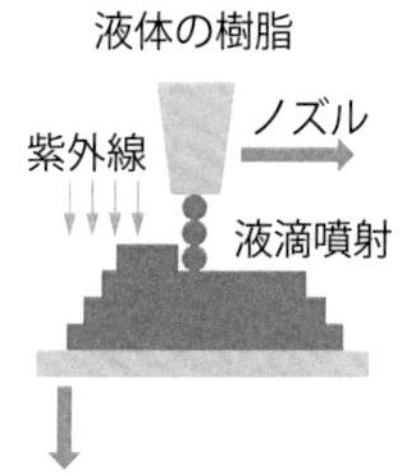

〈メリット〉
・複数の素材を選択できたり、混ぜたりすることが可能。表面が滑らか
〈デメリット〉
・太陽光での劣化が起こりやすい
・サポート材が必要

(b) インクジェット方式

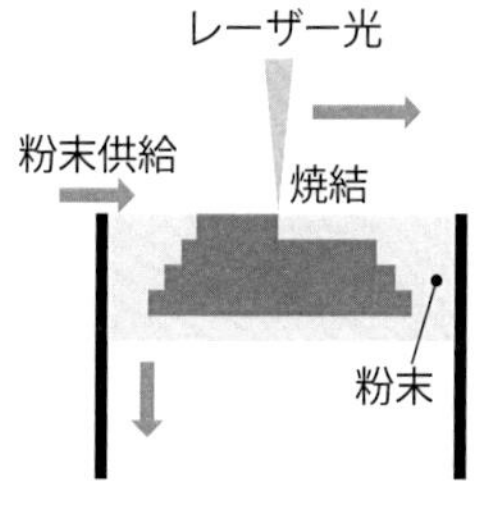

〈メリット〉
・耐久性がある。金属系の材料が使用できる
・サポート材が不要
※反りを発生させないためにはサポート材が必要
〈デメリット〉
・表面が粗い

(c) 粉末燃結方式

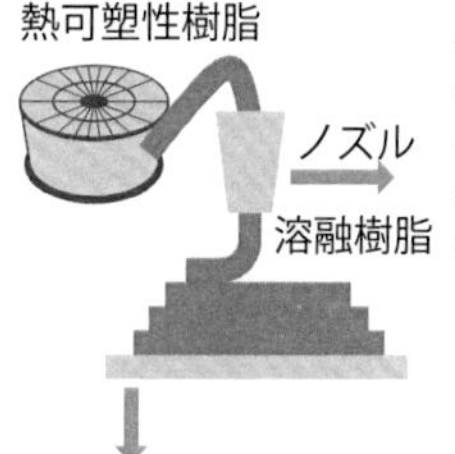

〈メリット〉
・比較的強度がある
・価格が比較的安い
〈デメリット〉
・層の断層が目立ちやすく階段状になる

(d) 熱溶解積層方式

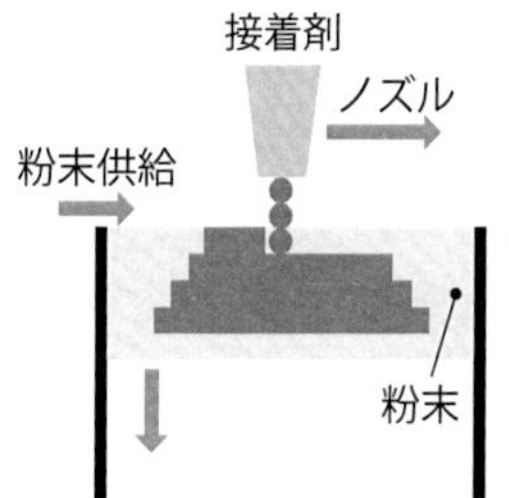

〈メリット〉
・フルカラー造形が可能なものもある
・サポート材が不要
〈デメリット〉
・表面が粗い

(e) 粉末固着（接着）方式

一口メモ

3Dプリンタは樹脂だけでなく、金属材料の使用も可能になっています。金属3Dプリンタは内部構造を自由につくれるため、軽量化を目的に飛行機、自動車などへの適用が模索されています。

(e) **粉末固着（接着）方式**：でんぷんや石膏などの粉末を樹脂で接着して固める方式です。粉末固着（接着）方式は造形速度が早いですが、接着剤で固めて造形するため衝撃に弱く、壊れやすいです。しかし、粉末材料を着色することによってフルカラーで造形できます。また、材料費が安いことも利点です。

要点 ノート

3Dプリンタは危険も少なく、一般の人にも使える加工装置です。「何をつくり、何に使えるか」という柔軟な発想によって今後一層普及すると思われます。

22. つながる工作機械(IoT)

❶IoTとは？

スマートフォンに代表されるような情報通信技術の向上によって、インターネットを通してさまざまなデータを集約し、ビッグデータとして分析・活用することで新しい情報や価値を見出すことを「IoT（Internet of Things)」と呼んでいます。現在、家電ではスマートフォンによってバスがどこを走っていて、何分後に来るのかを知ることができ、外出先からテレビの録画やエアコンを起動、停止することもできます。農業では土地に取り付けたセンサで日照量や土壌の状況を判定し、水や肥料の量、供給するタイミングを知ることができるようになっています。これらはすべてIoTの一例です（**図4-22-1**参照)。

❷工作機械のIoT

図4-22-2に、IoTと工作機械のつながりを示します。IoTの導入は工作機械をはじめ生産現場でも始まっており、工作機械にはさまざまなセンサが組み込まれ、振動や抵抗、温度、騒音などを収集し、加工状態の良し悪しや工作機械の状況、メンテナンス情報を知ることができるようになっています。また、工場内の工作機械（生産設備）の稼働状況を管理することも可能になっています。

工作機械メーカは設置した工作機械をインターネットで繋ぎ、トラブル内容を把握し、サービスセンタで不具合や故障内容を把握し、迅速で、適正な処理ができるシステムを構築しています。さらに近年では、工作機械内に取り付けたCCDカメラにより世界中どこにいてもスマートフォンによって機内の様子を見ることができ、加工条件を調整することもできるようになっています。生産拠点が世界に点在する中で、インターネットで工作機械が繋がる有用性は一層高くなると思われます。

日本は少子高齢化によって労働人口が減少するため、人材確保は企業の最大のミッションになっています。また今後、外国人労働者に頼らざるを得ない企業も多いと思いますが、このような中で生産現場では省人化やヒューマンエラーの抑制・防止が必須で、工作機械は取り扱いがより簡便になり、初心者でも高精度な加工ができるようになることが望まれます。IoTの導入と進化によって加工品質の安定や生産効率（性）の向上が図られることが期待されます。

図 4-22-1 IoT による遠隔監視の一例

■主な活用イメージ

鳥獣捕獲用の罠探知として

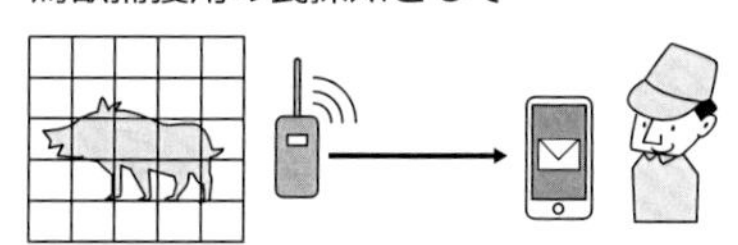

鳥獣捕獲用の罠

工作機械の振動による故障の予兆検知として

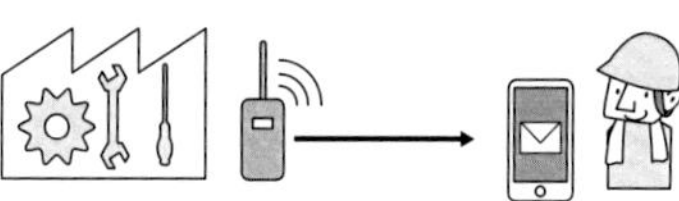

工作機械などの経年劣化

ビニールハウスの室温監視として

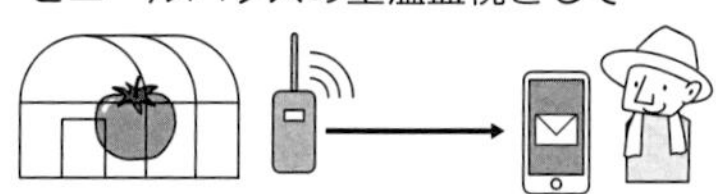

室温変化や入温室管理

夜間の不審者侵入通知として

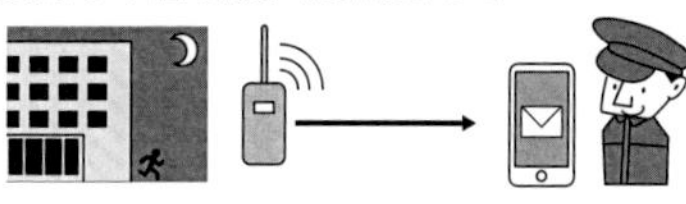

会社や工場の管理・監視

図 4-22-2 つながる工作機械（IoT による生産管理）

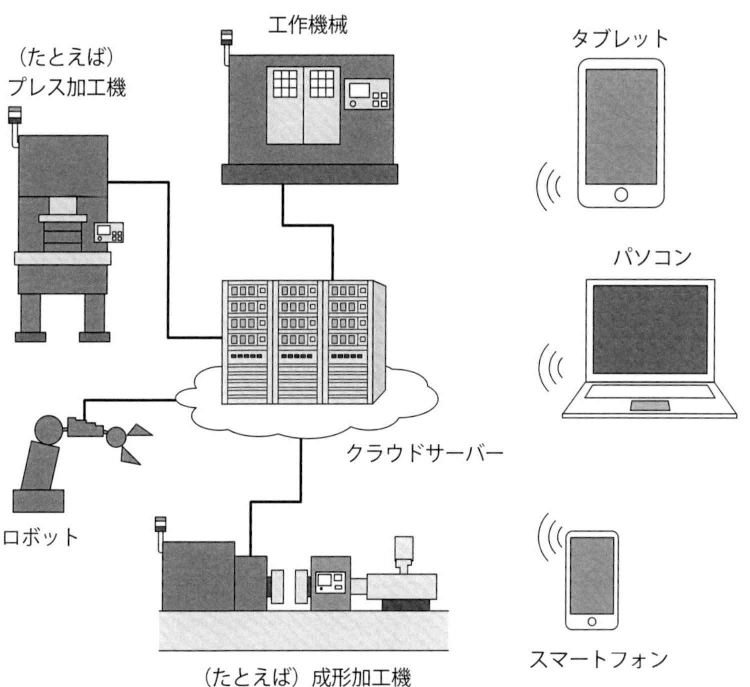

要点 ノート

現在、生産に実用されているデータの割合は20%ほどといわれています。使用されていない80%のデータを収集・分析し、生産性向上に繋げていくことが大切です。

23. 誰でも使える工作機械(AI)

❶自動化の歴史

1700年代後半から1800年代前半にかけてイギリスで起こった第1次産業革命では、水力および蒸気機関の開発により、それまで手で行われていた作業が動力を使った「機械化」に置き換わり、生産活動は大幅な作業能率向上を達成しました。1800年後半の第2次産業革命では電力による電動機と石油による内燃機関の発明によって「大量生産」が可能になりました。さらに、1900年代後半の第3次産業革命ではコンピュータの進化によってプログラムを入力することによって機械を「自動化」できるようになりました。

❷第4次産業革命

そして現在、IoTによるデータ収集に加え、AI(Artificial Intelligence:人工知能)によってビッグデータを解析することで、単純な解析だけでなく、データに埋もれている新しい情報を導出することで新しい価値を創造し、ビジネスモデルの革新を目指すこと、AIとロボットによる新しい生産システムを変革することを「第4次産業革命」と呼んでいます(**図4-23-1**)。AI(Artificial Intelligence/人工知能)の特徴は新たな事象を次々と学習し、対応力を向上させることです。決められた作業を繰り返すプログラムとは異なり、学習することで状況に応じた判断ができるようになり、理論的には熟練工と同等の知識を持つことができます。

現在、工作機械に搭載されているAIの例として、たとえば、主軸の状態を監視し、正常状態と比較することで、軸受などの劣化を予測し、故障を予知できる自己診断機能や、CCDカメラによって工作物の形状を把握し、切削工具のアプローチ速度を自動で調整する機能、切りくずの絡まりや噛み込みなど生産設備の正常運転を阻害する要因(ダウンタイム時間)を加工前に予測できる機能などがあります。また、写真画像からSTLファイルをつくり、NCプログラムを作成せずに加工できる3Dプリンタと同じ使い方ができるマシニングセンタや、スマートフォンと同じような言語処理機能を備え、口頭で指示できるマシニングセンタが開発されています(**図4-23-2**)。このような工作機械が普及すれば、NCプログラムを覚える必要がなくなり、初心者をはじめ誰でも簡

図 4-23-1 AIとロボットによる新しい生産システム

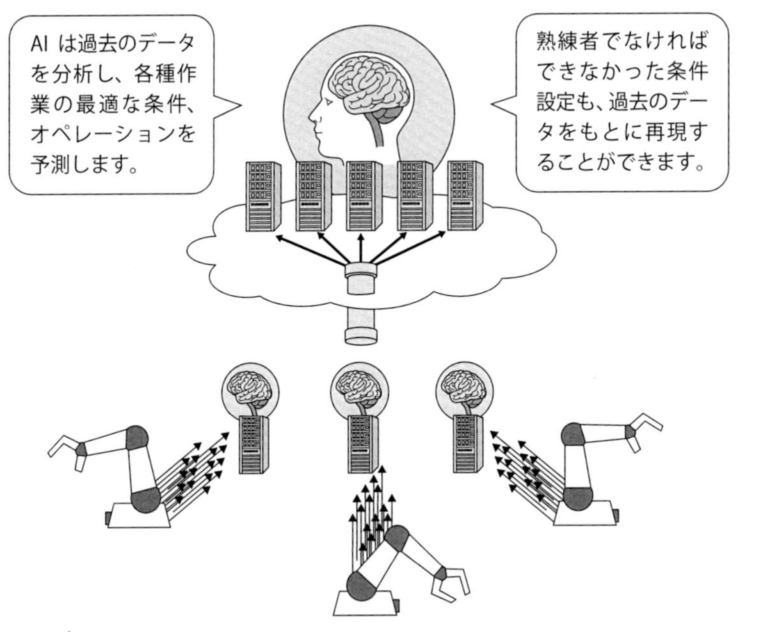

図 4-23-2 AI（人工知能）による加工状況の認知と予測

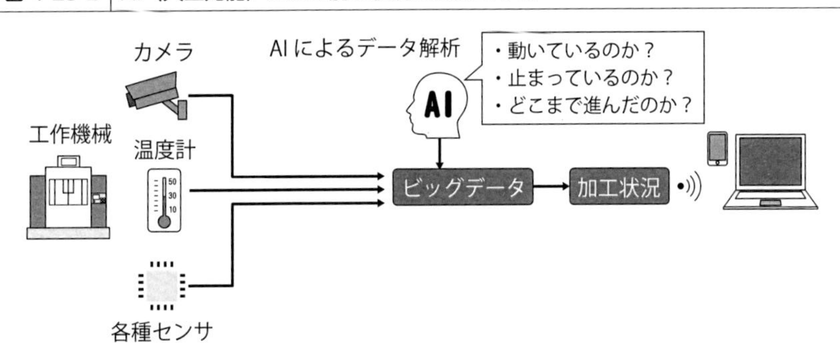

単に使える工作機械という時代が到来しそうです。今後は作業者の動きの分析や段取り、刃具、条件設定など熟練技能者の暗黙知の形式知化、図面の管理、製品不良からのフィードバックなどAIによる機外の改善も期待されます。

要点 ノート

生産性の向上と安全性の確保は製造現場における恒久の基本的かつ大きな課題です。AIの導入が解決の一助になることが期待されます。

24. 切削油剤・研削油剤の供給方法

新しい供給方法

切削油剤と研削油剤に明確な違いはなく、JISでも違いを規定していません。ただし、製造メーカは切削加工用、研削加工用と分けていることが多いのです。切削油剤、研削油剤は加工時の潤滑や冷却、切りくずの運搬を主な役割として、加工品位の向上や工具寿命の延命に不可欠です。近年では新しい切削油剤、研削油剤の供給方法が提案され、実用されています。

(a) **高圧クーラント**：高圧ポンプによって7～30 MPaに加圧した切削油剤を切削工具の刃先近傍から切削点に向かって噴射、供給する方法です（**図4-24-1**）。チタン合金やインコネル（耐熱合金）など切削点が高温で工具寿命の制約から切削速度を上げることができず、加工能率が低い材質の加工に使用されています。また、切りくずを分断する効果もあり、量産工程の自動化や無人化にも役立ちます。クーラントがどの程度刃先近傍に供給されているかは工具逃げ面の焦げ跡から確認できます。

(b) **マイクロ・ナノバブル**：クーラントタンクやノズルにバブル発生機構を取り付け、クーラントを微細な泡状にして供給する方法で、一般に1 μm以上の泡をマイクロバブル、1μm以下の泡をナノバブルと呼んでいます。材料の除去機構に対するバブルの具体的な効果は不明確な部分が多いですが、切削抵抗の低減や工具寿命の延命、研削といしでは目づまりの抑制など実用的効果は立証されています。また、クーラントの消臭効果や飛沫を抑えられることによる作業環境改善など二次的作用も確認されています（**図4-24-2**）。

(c) **動くノズル**：クーラントノズルを往復運動させながら切削油剤を噴射・供給する方法です。適正に切りくずを分断・除去することができ（切りくずをコントロールすることができ）、切りくずトラブルを抑制し、加工品質と生産性を向上させる効果があります（**図4-24-3**）。

(d) **MQL**：Minimum Quantity Lubricationの頭文字を取った略語で、最小量潤滑を意味します（**図4-24-4**）。生分解性が高く、環境に低負荷な植物油やエステル油を主成分とした少量の潤滑液を、ミスト状にして噴射・供

図 4-24-1 高圧クーラントの概念図

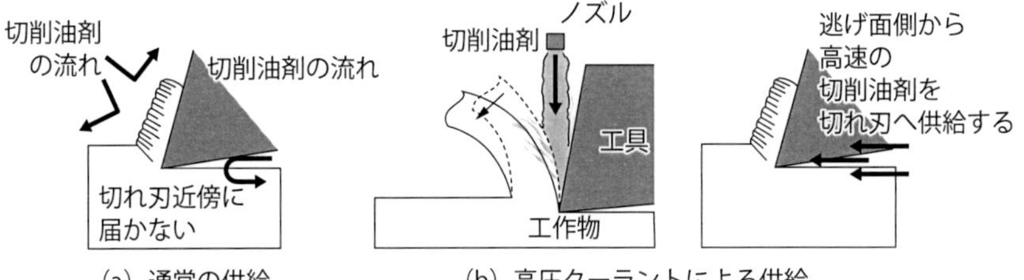

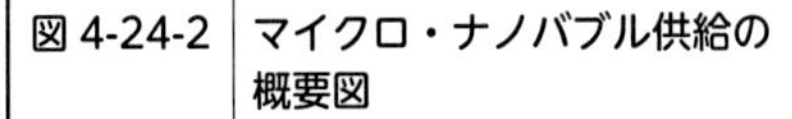

図 4-24-2 マイクロ・ナノバブル供給の概要図

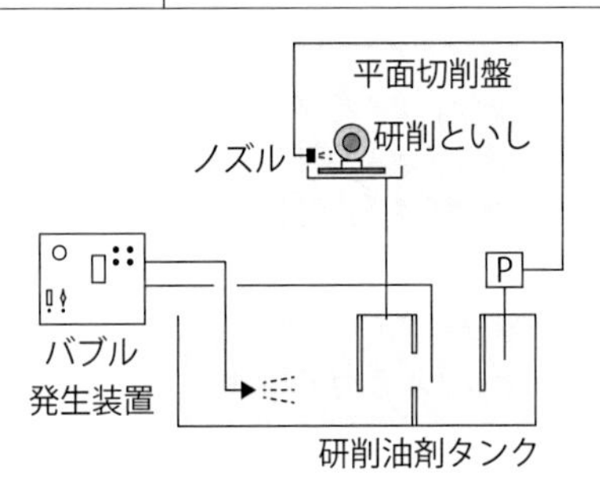

図 4-24-3 動くノズル

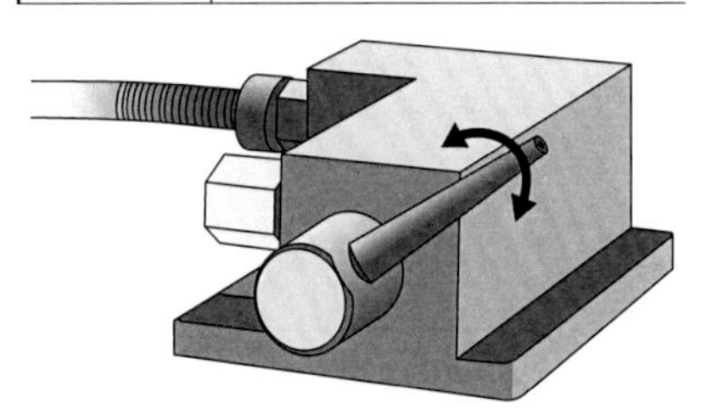

ノズルを動かすことで
切削油剤にも動きが生じる

図 4-24-4 MQL の概念図

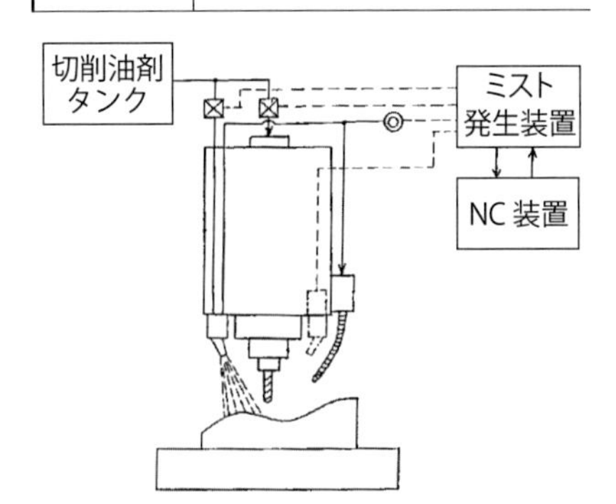

一口メモ

海外では環境負荷低減を目的に、切削油剤と潤滑油を共用しているものもあります。

アルカリイオン水やカーボンの微粒子を添加する方法などクーラント技術は日進月歩で進化しています。

給する方法です。MQLの廃液削減やクーラントポンプの省エネなど環境負荷低減に効果的です。

要点 ノート

切削油剤・研削油剤は機械加工の重要なアイテムです。油種、濃度、供給方法によって加工精度、工具寿命が大きく変わります。

25. 進化するCAM

❶CAMに求められる性能

工作機械が高速化、多軸化、複合化し、NC制御が高度化していることにより、ツーリング・切削工具の選択とツールパスを生成するCAM（Computer Aided Manufacturing）の重要度が高くなっています。CAMに求められる基本性能は処理の安定性と安全性であり、難削材や金型など材料単価が高いほど時間的、コスト的損失が大きく、加工ミスは許されません。

同時5軸加工で使用されるCAMには、切削工具の姿勢が変化するため、加工面に対して工具の姿勢（角度）が適正か否か、工具長およびツーリングの選択は適正か、工具と工作物の干渉（衝突）はないか、びびりは発生しないか、切りくずによるトラブルが発生しないか、切削送り速度の加減速によって工具寿命が変わるため、工具摩耗を最小化する平均切削送り速度が計算できているか、加工部位によって切削工具と工作物の接触弧長さが変化し、削り残しや削り過ぎなど加工精度に影響するため、接触弧を一定にする（切削工具の径方向の負荷を一定にする）ツールパスなどが生成できるかなどの機能が必要になります。

また、複雑な金型ではツールパスが長くなり、加工時間が長くなるため、加工時間の短縮や磨き工程（後工程）を考慮したツールパスや、技能者の知識と経験に基づく加工ノウハウをツールパスに反映させること、工作物の硬さ、粘り強さ、熱伝導率など特性に合わせた高周速と高送りの使い分けなどを提案する機能も望まれます。

❷切削加工シミュレーション

CAMに付随する切削加工シミュレーションは信用度が大切で、可動範囲の検証や段取りの設定など試し削りが不要になることや、CAM作業の出戻りがないことが望ましいです。また、加工時間が正確に予測できれば、IoTと連動することで生産計画を立てやすくなり、生産性向上にも役立ちます。

今後、スマートフォンのように使いやすくなりCAMオペレータの負担が減ることはもちろんですが、AIを備え、ノウハウの蓄積と加工目的に合わせた新しいツールパスの提案などが行えるCAMの登場が期待されます。

図 4-25-1 CAD/CAM の一例（株式会社ゼネティック）

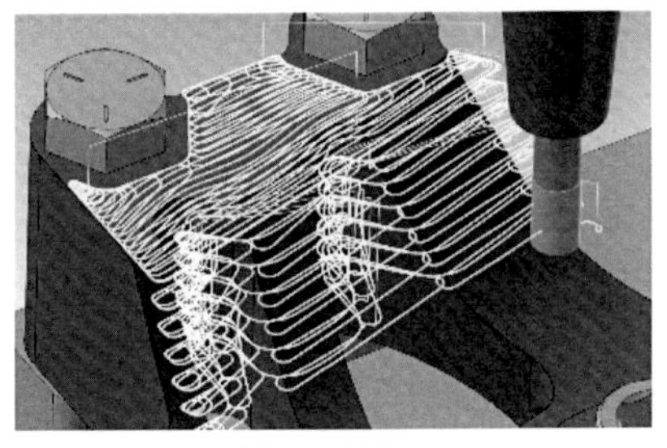

(a) 2.5 軸加工

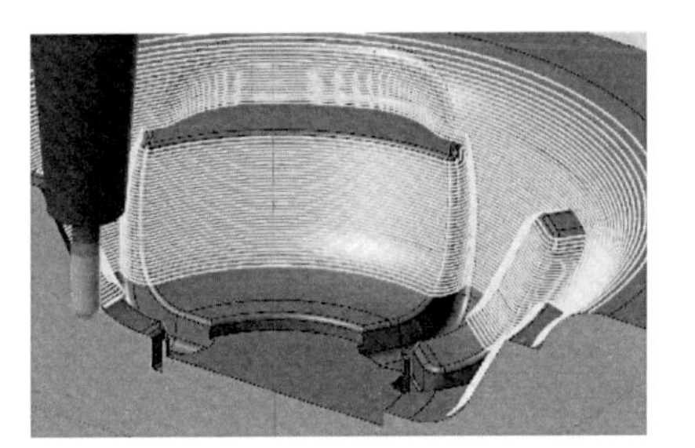

(b) 等高線加工

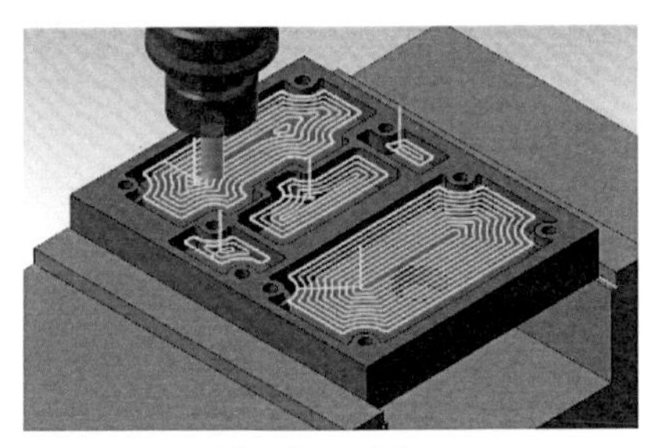

(c) ポケット加工

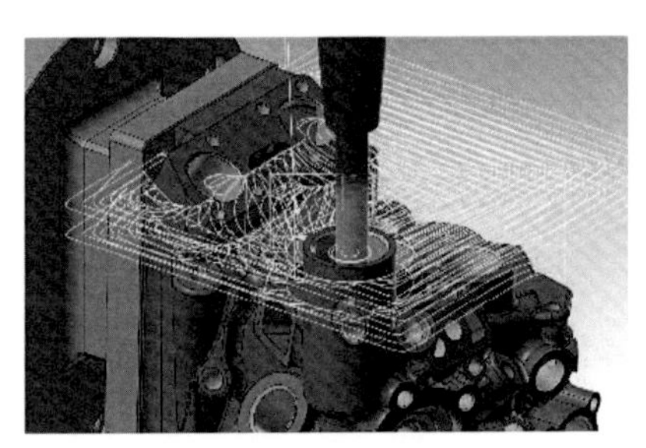

(d) 3 軸＋回転 2 軸加工

(e) 4 軸加工

一口メモ

切削工具の突き出し長さは加工形状とツールパスによって変化します。突き出し長さが短いほど切削工具のたわみが小さくなるため、突き出し長さが最小になるツールパスをつくることが大切です。

要点 ノート

工作機械の高速化、多軸化、複合化によりCAMの重要度が増しています。3次元形状を加工する研削加工用CAMも実用化されています。

参考文献

1)「わかる！使える！作業工具・取付具入門〈原理〉〈使い方〉〈勘どころ〉」澤武一著、日刊工業新聞社（2018年）

2)「わかる！使える！マシニングセンタ入門〈基礎知識〉〈段取り〉〈実作業〉」澤武一著、日刊工業新聞社（2017年）

3)「今日からモノ知りシリーズ　トコトンやさしいNC旋盤の本」澤武一著、日刊工業新聞社（2020年）

4)「今日からモノ知りシリーズ　トコトンやさしい切削工具の本」澤武一著、日刊工業新聞社（2015年）

5)「今日からモノ知りシリーズ　トコトンやさしいマシニングセンタの本」澤武一著、日刊工業新聞社（2014年）

6)「今日からモノ知りシリーズ　トコトンやさしい旋盤の本」澤武一著、日刊工業新聞社（2012年）

7)「目で見てわかる　使いこなす測定工具　正しい使い方と点検・校正作業」澤武一著、日刊工業新聞社（2014年）

8)「目で見てわかる　研削盤作業」澤武一著、日刊工業新聞社（2008年）

9)「目で見てわかる　フライス盤作業」澤武一著、日刊工業新聞社（2008年）

10)「目で見てわかる　旋盤作業」澤武一著、日刊工業新聞社（2007年）

11)「絵とき　続「旋盤加工」基礎のきそ―スキルアップ編―」澤武一著、日刊工業新聞社（2011年）

12)「絵とき　「フライス加工」基礎のきそ」澤武一著、日刊工業新聞社（2007年）

13)「絵とき　「旋盤加工」基礎のきそ」澤武一著、日刊工業新聞社（2006年）

【索引】

た

な

は

ま

や

ら

わ

著者略歴

澤　武一（さわ　たけかず）

芝浦工業大学　工学部　機械工学科　教授
博士（工学）、テックマイスター、ものづくりマイスター
1 級技能士（機械加工職種、機械保全職種）

2004 年　国家検定 1 級技能士取得（機械加工職種、機械保全職種）
2005 年　熊本大学大学院修了　博士（工学）
2014 年　厚生労働省 ものづくりマイスター認定
2019 年　厚生労働省 テックマイスター認定
2020 年　芝浦工業大学　教授
専門分野：固定砥粒加工、臨床機械加工学、機械造形工学

著書
・わかる！使える！作業工具・取付具入門<原理><使い方><勘どころ>
・わかる！使える！マシニングセンタ入門<基礎知識><段取り><実作業>
・今日からモノ知りシリーズ「トコトンやさしい工作機械の本」第２版（共著）
・今日からモノ知りシリーズ「トコトンやさしいＮＣ旋盤の本」
・今日からモノ知りシリーズ「トコトンやさしい切削工具の本」
・今日からモノ知りシリーズ「トコトンやさしいマシニングセンタの本」
・今日からモノ知りシリーズ「トコトンやさしい旋盤の本」
・今日からモノ知りシリーズ「トコトンやさしい切削工具の本」第２版
・目で見てわかる「スローアウェイチップの選び方・使い方」
・目で見てわかる「ドリルの選び方・使い方」
・目で見てわかる「使いこなす測定工具」―正しい使い方と点検・校正作業―
・目で見てわかる「ミニ旋盤の使い方」
・目で見てわかる「エンドミルの選び方・使い方」
・目で見てわかる「研削盤作業」
・目で見てわかる「機械現場のべからず集」―研削盤作業編―
・目で見てわかる「フライス盤作業」
・目で見てわかる「機械現場のべからず集」―フライス盤作業編―
・目で見てわかる「機械現場のべからず集」―旋盤作業編―
・目で見てわかる「旋盤作業」
・絵とき　続「旋盤加工」基礎のきそ―スキルアップ編―
・絵とき「フライス加工」基礎のきそ
・絵とき「旋盤加工」基礎のきそ
・基礎をしっかりマスター「ココからはじめる旋盤加工」
・目で見て合格　技能検定実技試験「普通旋盤作業２級」手順と解説
・目で見て合格　技能検定実技試験「普通旋盤作業３級」手順と解説

映像作品
・日刊工業新聞社 教育用映像ソフト　金属切削の基礎　上巻、下巻
・日刊工業新聞社 教育用映像ソフト　旋盤加工の基礎　上巻、下巻
・日刊工業新聞社 教育用映像ソフト　チップの選び方　上巻、下巻
・日刊工業新聞社 教育用映像ソフト　フライス加工の基礎　上巻、下巻
・日刊工業新聞社 教育用映像ソフト　研削加工の基礎　上巻、下巻
・日刊工業新聞社 教育用映像ソフト　工具研削の基礎　上巻、下巻
・日刊工業新聞社 教育用映像ソフト　ドリルの選び方　上巻、下巻

いずれも日刊工業新聞社発行

NDC 532

わかる！使える！機械加工入門
〈基礎知識〉〈段取り〉〈実作業〉

2020年10月30日　初版１刷発行
2024年11月22日　初版４刷発行

定価はカバーに表示してあります。

ⓒ著者　澤 武一
発行者　井水 治博
発行所　日刊工業新聞社　〒103-8548 東京都中央区日本橋小網町14番1号
書籍編集部　電話 03-5644-7490
販売・管理部　電話 03-5644-7403　FAX 03-5644-7400
URL　https://pub.nikkan.co.jp/
e-mail　info_shuppan@nikkan.tech
振替口座　00190-2-186076

企画・編集　エム編集事務所
印刷・製本　新日本印刷㈱（POD2）

2020 Printed in Japan　落丁・乱丁本はお取り替えいたします。
ISBN　978-4-526-08091-3　C3053